姚 亮 黄 旭 总策划

非凡的建设

——大型平急两用项目建设管理创新实践

徐兆颖 高冠新 杨书华 刘 永 金桂明 主 编

中国建筑工业出版社

图书在版编目（CIP）数据

非凡的建设：大型平急两用项目建设管理创新实践 /
徐兆颖等主编. --北京：中国建筑工业出版社，2024.
12. --ISBN 978-7-112-30565-0

Ⅰ. F284

中国国家版本馆CIP数据核字第2024SR3353号

　　本文基于实际工程项目进行介绍。该项目以"平战结合、平急两用"为原则设计，平时作为酒店或宿舍使用，在应急情况下能够有效发挥作用，提高建筑使用效率和公共安全保障能力。本书系统阐述了以高质量发展为引领，运用装配式建造技术提高施工效率，运用智能化技术提高管理效率，运用绿色环保材料和技术提高绿色建造水平，以期为整个建筑行业高质量发展提供有益的借鉴。

责任编辑：刘婷婷　张　晶
书籍设计：锋尚设计
责任校对：赵　力

非凡的建设——大型平急两用项目建设管理创新实践
徐兆颖　高冠新　杨书华　刘　永　金桂明　主　编
姚　亮　黄　旭　总策划

*

中国建筑工业出版社出版、发行（北京海淀三里河路9号）

各地新华书店、建筑书店经销

北京锋尚制版有限公司制版

建工社（河北）印刷有限公司印刷

*

开本：787毫米×1092毫米　1/16　印张：14½　字数：297千字
2024年11月第一版　　2024年11月第一次印刷
定价：**178.00**元

ISBN 978-7-112-30565-0
（43726）

本书编委会

主 编
徐兆颖　高冠新　杨书华　刘　永　金桂明

副主编
符　翔　徐金鑫　史伟民　张　恒　王　伟　赵宝军

参 编（按姓氏笔画排序）

丁东山	干汗峰	王　帅	王剑锋	丘鸿波	包江华
冯　昊	刘　芸	刘为飞	米晓朋	汤忠文	孙　伟
孙　杰	李　鸿	李晓光	杨利凯	肖合顺	吴龙梁
何季昆	邹世博	张　平	张　欣	张柏岩	陈　权
罗彩霞	金莹洁	周　鹏	赵青悦	赵思远	赵浩鹏
胡东旭	洪竞科	莫名标	顾兴海	钱忠骅	徐　恺
徐　聪	高　攀	郭子仪	郭鹏中	黄　磊	彭志涵
焦廷廷	焦春杰	曾维来	谢东荣	裴开元	熊　磊

前　言

　　建筑业是我国国民经济的重要支柱产业。近年来，我国建筑业持续快速发展，产业规模不断扩大，建造能力不断增强。2019年，我国全社会建筑业实现增加值70904亿元，较上年同期增长5.6%，占国内生产总值的7.16%，有力地支撑了国民经济持续健康发展。当前，我国经济已由高速增长阶段转向高质量发展阶段，建筑业高质量发展不仅是国民经济高质量发展的重要组成部分，同时也是国民经济其他行业和部门高质量发展的重要前提和保障。2022年1月19日，住房和城乡建设部印发的《"十四五"建筑业发展规划》中提到，"十四五"时期发展目标为"初步形成建筑业高质量发展体系框架，建筑市场运行机制更加完善"，"加速建筑业由大向强转变，为形成强大国内市场、构建新发展格局提供有力支撑。"新形势下建筑业依靠规模快速扩张的传统发展模式已难以为继，行业发展面临着前所未有的机遇和挑战，发展质量亟待提高。

　　本书基于平急两用酒店项目实际案例，系统介绍了以高质量发展为引领，运用装配式建造技术提高施工效率，运用智能化技术提高管理效率，运用绿色环保材料和技术提高绿色建造水平，以期为整个建筑行业高质量发展提供借鉴和启示。

　　本书项目以"平战结合、平急两用"为原则进行设计，平时作为酒店或宿舍使用，在公共安全事件发生时具备人员隔离居住的功能，在平时和应急情况下都能够发挥效能，能够有效提高建筑使用效率和公共安全保障能力。项目建设期间遭遇了疫情，鉴于抗击疫情的紧迫性和特殊性，项目被列为抢险救灾工程，建设期间面临建造工期紧、建设要求高、建设技术新、配套规范少、防疫压力大等重重挑战。

　　在四个月的建设过程中，项目团队秉持高标准的建设要求，采用了"三线并行、三级联动、矩阵式推进"的组织实施模式，实行"三个维度管控""六个统筹""八个机制"的一体化管控方法，充分运用高科技现代化建筑技术，万人操弓，共射一招，确保了项目的高质量、高效率和高水平建设，将本来需要四年完成的建设任务压缩至仅四个月就如期交付，实现了从荒烟蔓草空地到功能齐备的最美平急两用酒店的华丽重生，彰显了社会主义制度集中力量办大事的巨大优越性。一个新的中国速度，就此诞生。自此，大国建造再添先行示范力量。

本书中的平急两用酒店项目以高质量发展为价值遵循，在建设过程中采用了最先进的装配式模块化建造技术，提升项目的"无人建造"和"快速建造"能力，将项目的建造效率提升了80%以上。同时，该项目通过应用BIM（建筑信息模型）技术，以"参数化设计、构件化生产、智慧化运输、装配化施工、数字化运维"为导向，实现项目全生命周期价值创造与提升，提高了管理效率，推动了建筑业的科技升级。此外，项目采用的装配式建造技术属于新型绿色建造技术，可实现90%以上的结构、装修、设备一体化，有效减少75%的建筑废弃物。

历程极不平凡，成果来之不易。我们相信，该案例将成功打造我国快速建造的新标杆，引领绿色建造的新标准，开拓数字建造的新模式，为各界持续提供有益的经验和启示，助力国家建筑业高质量发展与"双碳"目标的实现。

本书在编写过程中获得了众多专家、学者及同仁的支持，在此，谨对他们表示崇高的敬意和衷心的感谢！

由于编写时间和作者水平有限，本书难免存在纰漏和不足之处，敬请广大读者和专家批评指正。

目　录

第 **1** 篇

背景与概况

第1章
建设项目时代背景

1.1 面对数字化转型的要求：智能建造

长期以来，我国建筑业主要依赖资源要素投入及大规模投资拉动发展，建筑业与先进制造技术、信息技术、节能技术融合程度较低，建筑产业互联网应用不足。尤其在新冠肺炎疫情突发的特殊背景下，建筑业传统建造方式受到较大冲击，粗放型发展模式已难以为继。当前，迫切需要通过加快推动智能建造与建筑工业化协同发展，集成5G、人工智能、物联网等新技术，形成涵盖科研、设计、生产加工、施工装配、运营维护等全产业链的智能建造产业体系，走出一条内涵集约式高质量发展的新路。

智能建造是面向工程产品全生命期，实现泛在感知条件下建造生产水平提升和现场作业赋能的高级阶段；是构建基于互联网的工程项目信息化管控平台，在既定的时空范围内通过人机协同完成各种工艺操作，实现人工智能与建造要求深度融合的一种建造方式。发展智能建造，是提高建造速度的重要举措，是稳增长、扩内需的重要抓手，是提升产业发展质量、实现由劳动密集型生产方式向技术密集型生产方式转变的必经之路。

为提高项目管理效率，达成"质量一流、本质安全、工期保障、平战结合"的目标，本书中的平急两用酒店项目建设全过程应用BIM（建筑信息模型）技术，以"参数化设计、构件化生产、智慧化运输、装配化施工、数字化运维"为导向，在项目5个阶段、36个应用场景应用BIM技术。智能建造极大地降低了项目建设过程中人的不安全行为、物的不安全状态、环境的不安全因素及管理缺陷，使数据传递更加广泛、快捷，工程决策更加科学、及时，项目管理水平和效率得到显著提升，实现了工程规划—建设—运行的全生命周期价值创造。

1.2 面对极端环境的要求：无人建造

"无人建造"是一种利用信息化、自动化与智能化技术，通过替代传统的人工劳动以实现工程建造的技术手段与建造理念。当前，随着气候变化加剧和劳动力短缺，无人建造已成为实现建筑高质量发展的重要抓手。

根据联合国政府间气候变化专门委员会（IPCC）发布的最新报告，按照当前气候变化趋势，地球的热度和湿度将挑战人类忍受的极限，而中国将是最受影响的区域之一。尤其是粤港澳大湾区，其高温湿热的环境特征对气温升高尤为敏感。而建筑业作为劳动密集型行业，未来发展将面临极端高温天气带来的巨大挑战，主要表现在：

（1）建筑工人难以正常工作。报告指出我国东部地区（包括粤港澳大湾区）即使完成目前承诺的减排目标，仍存在部分地区每年至少出现一次32℃的湿球温度，在该温度下即使具有较强气候适应能力的人群也无法正常工作。

（2）高温将降低建筑劳动生产率。报告表明，如果维持目前的排放政策，全球将较工业化之前升温约3℃，中国整体劳动生产率将下降5%。

（3）工人健康受到威胁，死亡率上升。报告发现，按照现有排放趋势（导致全球升温2.5～2.9℃的排放路径）中国城市中每年与高温相关的死亡率，将从每百万人32人增加到每百万人59～81人。

除此之外，建筑业由于自身粗放落后的生产与管理方式，也面临着诸多挑战，主要表现为：

（1）建造成本增加。例如当前香港地区已成为全球建筑造价最高的城市。

（2）施工安全风险高。以2022年为例，全国发生房屋市政工程生产安全事故549起，死亡人数622人。

（3）工人老龄化和技能缺口导致劳动力严重短缺。国家统计局最新发布的数据显示，与2021年相比，2022年劳动年龄人口减少666万人。我国的劳动力红利近乎消失。因此，综合运用信息化、自动化与智能化技术，通过无人建造方式实现建筑业高质量发展，具有巨大的紧迫性和潜在的经济、社会效益。

"十四五"开启了全面建设社会主义现代化国家新征程，建筑业也进入了高质量发展新阶段。我国《"十四五"建筑业发展规划》明确要求，要大力发展装配式建筑，构建装配式建筑标准化设计和生产体系，推动生产和施工智能化升级，提高装配式建筑综合效益。

本书中的平急两用酒店项目顺应时代发展潮流，通过应用模块化建造技术，提升项目的"无人建造"和"快速建造"能力。项目建筑面积约56.2万m²，仅用时4个月完成。通过模块化建造技术，最快仅用44天即建成2栋7层三星级酒店，相比同规模的传统建筑，工期压缩比例为65%～75%。项目施工现场日均工人数减少64%，总体装配率为94.3%，达到国家最高等级AAA级装配式建筑标准。

1.3 面对双碳目标的要求：绿色建造

全球气候变化的影响正在给全人类生存发展带来重大挑战，主要国家和地区纷纷加速向碳中和迈进。习近平主席在2020年联合国大会一般性辩论上发表重要讲话，首次提出了"中国将提高国家自主贡献力度，采取更加有力的政策和措施，力争2030年前二氧化碳排放达到峰值，努力争取2060年前实现碳中和"的宏伟目标。实现"双碳"目标，是中国向世界的庄严承诺，是以习近平同志为核心的党中央统筹国内国际两个大局作出的重大战略决策，也是一场广泛而深刻的经济社会系统性变革。

建筑作为人们工作和生活的主要空间载体，建材的生产运输、建筑的建造以及建筑的运行均产生大量的能源资源消耗，是我国能源消耗的三大来源之一。近年来，我国城市建设快速发展，大规模新建建筑的建设产生了大量的二氧化碳排放。根据《中国建筑节能年度发展研究报告2021》，2019年我国建筑面积总量约644亿m^2，每年还在以超过40亿m^2的速度增加。建筑建造和运行产生的二氧化碳排放约占中国全社会总二氧化碳排放量的38%，其中建筑建造占比为16%、建筑运行占比为22%。随着我国城镇化水平和人民生活水平的不断提高，我国建筑的运行能耗在今后5～10年仍将持续增长，建筑领域实现碳达峰和碳中和的任务十分艰巨。与此同时，建筑部门具有巨大的减排潜力，2016年，国家发展和改革委员会能源研究所、美国劳伦斯伯克利国家实验室等机构联合发布的《重塑能源：中国》报告预测，全球三大排放部门中建筑的节能潜力居于首位，高达74%。截至2050年，建筑部门预计将为中国碳排放提前达峰贡献50%的节能量。因此，建筑业是未来节能减排的关键部门，建筑减排对减缓全球气候变化的潜力巨大。

本书中的平急两用酒店项目以实现国家绿色建筑二星级标准为目标，进行了系统化的绿色建造管理，运用了新型绿色建造技术。同时，将建筑废弃物资源化、无害化等绿色及可持续发展理念贯穿整个设计、施工过程，力争打造建筑业界废弃物减量标杆。本项目建筑废弃物总体排放水平比国家建筑工程绿色施工评价标准降低约50%，比传统项目降低约75%，提前实现了国家"十四五"装配式建筑废弃物排放目标。

第2章
建设项目概况与特征

2.1 建设项目概况

2.1.1 项目建设规模

本项目为平急两用酒店项目，分Ⅰ、Ⅱ两个标段建设，建成后作为酒店分别对外运营。项目总用地面积约18.4万m²，总建筑面积约56.2万m²。

项目共建成51栋单体，包括酒店、宿舍、综合门诊部、健康诊疗中心等功能性用房，以及服务人员办公、厨房、洗衣房、垃圾焚烧站、污水处理站、变电站等相关配套服务用房。

1. Ⅰ标段

Ⅰ标段项目总用地面积约10.3万m²，总建筑面积约30.6万m²。项目功能为三星级酒店，结构设计使用年限为50年。建设内容包括6栋18层高层酒店，1栋18层服务人员宿舍，4栋7层多层酒店，1栋7层服务人员宿舍，13栋功能配套单体。酒店均为精装交付。如图2.1-1所示。

根据"平战结合、平急两用"的原则，酒店在公共安全事件期间具备人员隔离居住的功能，相关配套设施完善。

图2.1-1　Ⅰ标段效果图

2. Ⅱ标段

Ⅱ标段项目总用地面积约8.1万m²，总建筑面积约25.6万m²。项目功能为酒店，结构设计使用年限为50年。建设内容包括4栋18层高层酒店，1栋18层服务人员宿舍，6栋7层多层酒店，1栋7层服务人员宿舍，14栋功能配套单体。酒店均为精装交付，拎包即可入住。如图2.1-2所示。

根据"平战结合、平急两用"的原则，酒店在公共安全事件期间具备人员隔离居住的功能，相关配套设施完善。

图2.1-2　Ⅱ标段效果图

2.1.2 项目组织

鉴于平急两用酒店项目建设的紧迫性和特殊性，本项目被定为抢险救灾工程。项目设立了工作专班（图2.1-3），成员包括26个单位。项目采用"IPMT（一体化项目管理）+EPC（设计、采购、施工一体化的工程总承包）+WPEC（全过程监理）"模式进行建设管理。专班统筹组建项目建设联合管理团队，下设综合、设计、采购、施工、HSE（健康、安全与环境管理体系）、财务等小组；项目建设采取EPC总承包模式，专班全权负责，按照质量安全为底线、红线，综合考虑工期、造价、环保等条件的原则进行综合评估，从具有同类项目建设经验并且取得成功业绩的大型骨干企业中选定2家作为EPC总承包单位；监理团队按照抢险救灾工程项目建设规定选定。

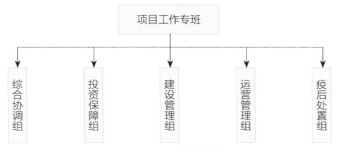

图2.1-3　专班组织架构

2.2 建设项目特征

2.2.1 工程的"六大挑战"

与传统建筑工程项目不同，本项目需面对复杂多变的疫情防控要求，具有紧迫性和特殊性，要求在不到5个月的时间完工交付。然而纵观全球建造历史，目前尚无案例能够在如此短时间内完成这样大规模的永久性建筑群。项目在实施过程中主要面临以下六个方面的挑战。

1. 建设任务重

本项目的建设任务庞大而特殊。首先，建筑规模大、单体多，总建筑面积达56.2万m^2，包括酒店客房及其卫生防疫、健康诊疗、污水处理、垃圾焚烧、运营管理等有特殊要求的配套工程。其次，实体施工工作量巨大，钢构件用量达5万余吨，相当于8个埃菲尔铁塔，单元幕墙超过5.58万片，模块化箱体约0.3万套，整体卫浴近万套。再次，建筑功能特殊。项目严格按照"疫情联防联控机制"要求的"三区两通道"（清洁区、半污染区、污染区、污染通道、洁净通道）和防疫流线进行建筑及机电系统设计，率先在国内采取医疗废弃物就地焚烧处置方式，污水处理排放指标满足医疗机构水污染物排放标准。最后，装修标准及要求高。一方面，需同时满足疫情期间隔离人员的人文关怀需求和疫后的星级酒店品质需求，另一方面，竣工后无缝切换至运营状态更是对装修用材和室内空气质量提出了严苛的要求。

2. 建造技术新

为满足项目工期需要，多层酒店应用钢结构箱式模块化集成建造，高层酒店应用钢结构装配式建造模式。本项目结构使用年限为50年，与常规建筑一致。因此，本项目应用的钢结构模块化箱体与"火神山"等临时建筑采用的板房相比，在材质、结构、外装内饰等方面全面升级，两者的差异可类比当代汽车与古代马车的差异。

箱式钢结构模块化集成建造一般不高于3层，本项目应用于7层建筑，为国内首例。在确保结构"本质安全"的同时，抗震、抗风、防潮、防渗均为技术重点；集成卫浴、管道模组、单元幕墙等装修工程尽可能采用工厂制作，以减少对现场工作面和流水线的占用。同时，考虑到装配式部品部件生产周期及采购的紧迫性，本项目一是采用反向设计的方式保证工程进度，二是通过装配式部品部件场外加工制作以提升生产速度。然而，场外加工的大量应用导致本项目加工场点多、地域分布广、管控难度大，在质量检验、验收等环节与常规项目存在显著差异。

3. 防疫风险高

本项目资源投入均按平行施工考虑，工作面不考虑流水作业，以饱和打击的方式确保工期，前置工序完成后即需要本专业大批工人退场并组织后续专业工程工人进场，导致现场用工数量"骤升骤降"。现场建设高峰期，Ⅰ、Ⅱ标段两个地块每天现场施工和管理人员均达到1.3万余人，分包队伍多，班组进出场流动性高，工程施工现场环境复杂，不可预测因素多，导致工程风险高、人员感染风险高，内部安全及防疫工作压力巨大。

4. 配套规范少

当前与抢险救灾项目相匹配的规范、标准等亟待完善。抢险救灾项目通常建设工期紧、任务重，但目前缺乏配套的规范和验收标准，项目仍然采用与传统项目相同的报验流程和验收标准，给抢险救灾项目快速建设造成了极大的困难。例如，项目材料供应商达上百家，材料种类繁多，而常规的材料送检出报告的时间较长，难以满足抢险救灾项目快速施工的要求。

5. 组织管理难

在极短的时间内完成大体量的工程建设，对资源的需求是爆发性的。土建、装修、机电等主要材料、构件、设备需求急，需求量大，招采时间短，保供压力极大。同时，材料供应加工点多、地域分布广，但疫情在各地持续出现，导致资源调度、运输组织、协调管理等存在巨大的难度与不确定性。

在进度的紧迫性和项目建设重要性的大背景下，项目的实施过程必将是"三同时"工程，即设计、采购和施工同时并行开展，此种建设组织模式与施工组织形式非常考验建设单位及各参建单位的科学管理能力。同时，在有限的场地内需要多专业立体交叉组织施工，其工作面资源、交通资源和垂直运输资源的统筹难度、工序交接与成品保护的协调难度、安全管控难度都远超一般项目。

6. 协调内容多

专班由26个单位组成，各专班成员在方案设计、初步设计、专项设计、现场实施等阶段从各自归口管理的业务范围出发，提出需求或要求以及相关意见。在项目建设后期，由项目所在地区负责牵头，联合酒店运营单位、卫健委等部门或单位成员组成运营管理专班。专班成员围绕运营管理的实际需要，进一步提出需求或优化措施。纵观项目建设全过程，涉的主体单位多、沟通事项多、需求各异且不断变化，统筹协调工作量较多、难度较大。

综上所述，本项目建设任务充满艰巨性、挑战性、非常规性，亟需采取超常规的、先进的组织管理方式，为项目建设过程提供保证。

2.2.2 抢险救灾项目的"八大需求"

鉴于建设的紧迫性和特殊性，本项目被定为抢险救灾工程。抢险救灾工程是指所在市行政区域内突发公共事件造成或者即将造成严重危害，必须立即实施治理、修复、加固等措施的工程，包括因自然灾害、事故灾难、公共卫生事件、社会安全事件发生后需要采取紧急措施的工程。

"抢"和"救"这两个字已充分指出了抢险救灾工程的第一要素——时效性。保证工期就是保证人民生命财产安全，保证工期就是保证完成政治使命。平急两用酒店项目社会影响巨大，能否在工期要求内建成落地，是能否最大化发挥其作用的前提。因此，通过科学合理地部署、组织项目建设，并且采取有效措施对缜密的建设策略作出强有力的推动，是至关重要的。

本项目具备以下"八大需求"。

1. 快速建造

项目合同开工时间为2021年8月18日，竣工交付时间为2021年12月31日，合同总工期为136日历天，其中包括项目方案深化、勘察、设计、采购、施工、场地整备等工作。极短的建设周期决定了项目非常规建设的特性，因此在建设过程中，必须实现快速决策、快速招标、快速采购、快速集聚资源、快速协调、快速推进等快速建造目标。

2. 防疫建造

一方面，作为具备防疫隔离功能的平急两用酒店，项目除了要具备满足酒店"舒适居住"的功能属性之外，还要遵循现行严格的防疫政策，具备卫生防疫、应急基本医疗、医废垃圾收集处理、污水处理排放等功能。项目建设需要考虑客房设计及功能需求、建筑立面效果、布草、餐厨、景观、标识、安防、酒店管理及楼宇智能化系统以及对隔离人员的人文关怀措施，充分体现功能的前瞻性，理念的人性化、科学化，能够为国内同类项目做出示范。

另一方面，整个建设周期正值国内疫情形势严峻之时，必须确保做好全体参建人员的防疫措施。两个标段高峰时刻施工人员和管理人员均高达1.3万人，在有限的空间内存在密集的人员施工作业，项目的防疫任务十分艰巨。

3. 科学建造

在保证进度的同时，需要兼顾投资的合理性及建设的规范性。因此，要求项目建设过程中合理控制造价，用科学的决策方法、科学的招标模式、科学的建造技术、科学的管理手段，做到项目性价比最优，达成最优的项目效益。

4. 安全建造

项目建设规模大，单体栋数多，建筑类型多样，在时间紧迫的情况下必须采用全作业面立体交叉作业。同时，项目风险源多，存在高空、大型吊装机械集结使用、大型运输机械集结使用、用电用火、钢结构吊装、箱体吊装等风险极大的作业。多风险作业、同作业面工作使工程施工风险加剧，因此保证项目安全施工的难度很大。

5. 优质建造

作为国内首例大型平急两用酒店项目，本项目已然成为国内平急两用基础设施建设的探索示范。项目以争创"鲁班奖"为建设质量目标，优质建造成为项目的必然任务。

6. 智慧建造

智慧建造已成为当今建筑行业的发展趋势。鉴于本项目建设工期紧、建设难度大、防疫要求高，需要全面贯彻落实智慧建造的各项措施，包括搭建BIM+VR信息系统，使用无人机、AI机器人等先进科技产物辅助施工，完善远程视频监控系统，推动移动端管理、电子化管理、可视化管理等智能化措施。

7. 绿色建造

项目依据绿色建筑二星标准实施建造。项目建设过程中，实现建筑废弃物无害化处理成效达到国内领先的水平。同时，由于项目交付后立即运营的需求，要求建设必须使用绿色环保的材料，现场最大限度地采用装配式节点施工方式，从而达到减少胶粘剂等材料使用的效果，确保室内空气质量能够满足建成后立即入住的要求。

8. 协同建造

项目建设过程中参建方众多，协调管理任务重。为保证项目建设协调有序进行，项目成立工作专班，创新性地运用"IPMT+EPC+WPEC"建设管理模式，实现专班领导工作一体化、工程建设管理一体化和工程管理执行一体化，以极大地提高决策和协调沟通效率。

第 2 篇

科学管理

第3章
科学决策

3.1 未雨绸缪，决策的超前性

2021年8月13日，项目建筑方案设计和快速建造方案获得批准，在项目选址上考虑具备最适宜项目建设的场地条件、交通条件和配套条件并且远离人员密集的区域；在建设方案上采用高效的"IPMT+EPC+WPEC"建设管理模式；在方案设计和建造方式上分别采用标准化设计和装配式建筑、模块化建筑。专班统筹协调项目选址、规划设计、建设施工、科技抗疫、运营管理等各项工作，推动项目建设。专班26个成员单位以讲政治、顾大局为核心原则，各尽其职、协同联动，全力推进项目开工建设、验收、移交和运营等工作。

3.2 目标明确，决策的合理性

2021年8月13日上午，项目建设专题会议议定了项目建设相关的重要事项，会议强调，各有关单位要进一步提高政治站位，充分认识建设的重要意义，迅速行动、密切配合，按照"质量一流、本质安全、确保工期、平战结合"的总体建设目标，全力以赴地推进项目建设。会议明确了项目建设和组织实施的下列重要事项：建设管理模式、项目类型、EPC总承包单位选定、资金渠道、设计方案、工期安排、运营管理、推进机制等。如表3.2-1所示。

项目建设和组织实施的重要事项 表3.2-1

建设管理模式	IPMT（一体化项目管理）+ EPC（设计、采购、施工一体化的工程总承包）+WPEC（全过程监理）
项目类型	抢险救灾项目
设计方案	以建成后尽量少改动为第一原则，统筹做好"平战"功能转换衔接；完善管理服务人员轮换、综合医疗保障、医疗废弃物就地处理、人文关怀等功能性需求设计
工期安排	2021年8月18日前后进场施工，在9月底至少建成2栋多层，在12月底前全部建成并投入使用
推进机制	由专班强化统筹协调，全力推进既定工作任务

3.3 模式优化，决策的创新性

在建设管理模式方面，项目采取"IPMT+EPC+WPEC"的创新性模式进行建设管理，通过IPMT扁平化的组织架构连接项目各管理层级信息链，采用决策、管理、执行三层联动的组织架构，做到纵向贯通、横向协调，大幅提升管理效率。

根据相关建设工作会议的精神，要求专班（IPMT团队）按照质量安全为底线、红线，综合考虑工期、造价、环保等条件的原则进行综合评估，尽快从具有同类项目建设经验并且取得成功业绩的大型骨干企业中选定2家作为EPC总承包单位。为此，建设单位迅速召开专题会议，认真研究谋划。建设单位参照既有应急项目的发包经验，优化工程计价模式和择优竞争定标标准，邀请具有同类项目建设经验且取得成功业绩的大型骨干企业参与投标，采用择优竞争的方式选定EPC总承包单位。

3.3.1 EPC单位选取原则

1. 具备快速建造能力

EPC总承包单位（简称"EPC单位"）需具备快速建造的能力，包括生产能力和施工能力，利用最新建造技术，科学组织管理，实现快速建造。

2. 全面严控质量安全

以"零伤亡"为安全目标、"杜绝结构隐患"为质量目标及"零感染"为疫情防控目标，项目建设过程中坚决落实安全风险分级管控和隐患排查治理双重预防机制，全面加强质量安全管控，确保工程质量和安全生产。

3. 具有总承包建设经验

择优选择本地建筑行业内具有EPC工程总承包建设经验、具有同类成功业绩和快速建造等能力的大型骨干企业，确保选择的EPC单位按时且高质量地完成建设任务。

4. 合理竞争，低价高效，质优环保

加强工期管控和造价管控，在确保品质优良的前提下，优先选择合理低价的EPC单位。倡导绿色环保，落实环保要求，推行绿色建筑，实现快速建造、质量安全、工期进度、投资造价、生态环保等的有机统一。

3.3.2 EPC单位综合评估因素及指标

1. EPC单位的基本能力

要求EPC单位提交近5年已完工的最具代表性的EPC工程总承包业绩。评估指标、内容及规则为：EPC单位具备相应的EPC组织实施的经验和业绩，具有较强的EPC组织能力。

2. EPC组织及响应能力

要求EPC单位提交设计组织方案、材料设备采购计划及施工组织方案。评估指标、内容及规则为：EPC设计团队应具备较强的初步设计和施工图设计能力；EPC单位应具有较强的材料设备组织采购能力，确保项目在计划工期内能够及时采购到装配式建筑所用的所有材料；具有较强的统筹协调能力和施工组织响应能力。

3. 质量安全、生态环保、疫情防控保障

要求EPC单位提供针对本项目的质量安全组织和管理保障、疫情防控、固体废弃物处理利用的相应措施方案。评估指标、内容及规则为：EPC单位具备较强相关事项的保障能力，确保实现项目无结构性隐患、消除质量通病、零伤亡、零感染，尽可能把固体废弃物降到最少。

4. 快速建造生产能力

要求EPC单位提交近5年已完工的最具代表性的装配式建筑业绩和模块化集成建筑业绩。评估指标、内容及规则为：EPC单位要具有较强的装配式建筑组织实施能力和模块化集成建筑组织实施能力。

5. 工期响应

要求EPC单位提供总工期、节点工期、验收交付节点、施工进度计划等情况。评估指标、内容及规则为：确保9月底前建成2栋建筑并完成验收，12月底前建成全部建筑并投入使用。

6. 商务报价响应

要求EPC单位按照估价对定额和信息价部分申报下浮率。评估指标、内容及规则为：在满足各项能力要求的基础上，做到合理低价。

3.3.3 IPMT团队综合评估选定EPC及监理单位

项目IPMT联合管理团队组成单位的有关负责同志组成评估选择小组，于2021年8月16日开展了项目EPC单位评估选择工作。经过前期摸排，邀请了5家本地建筑行业内具有EPC工程总承包建设经验、具有同类成功业绩和快速建造等能力的大型骨干企业参与项目EPC单位的评估选择。以EPC组织管理能力、实施响应能力、质量安全保障能力等为基本要求，以快速建造能力强、工期合理且不超出要求工期、报价相对低价且合理等为优选原则进行综合评估。经择优选择，选定两家综合能力较强的单位分别承担Ⅰ标段与Ⅱ标段的建设。

监理团队按照抢险救灾工程项目建设规定选定，通过品牌企业资格审核及价格优惠考量，择优选择两家全过程工程咨询能力突出的单位分别承担Ⅰ标段与Ⅱ标段的全过程监理工作。

第4章
组织创新

4.1 一体化建设管理

建设管理模式充分发挥"IPMT+EPC+WPEC"三线并行以及"建设单位机关+建设单位工程中心+现场"三级联动的优势。决策层由IPMT管理团队整合各方资源，行动一致、共同推进；管理层与执行层由建设单位、EPC单位、监理单位等参建单位抽调精兵强将组成；项目建设管理整体实行扁平化管理与矩阵化管理，有利于现场的快速决策和减少沟通成本提高工效。

4.1.1 IPMT一体化项目管理

1. IPMT概念

IPMT（Integrated Project Management Team），指"一体化项目管理团队"。"一体化项目管理"的理念发轫于20世纪80年代的大型跨国能源工程公司（如美国Fluor、挪威Kvaerner等），是指投资方与工程项目管理咨询公司按照合作协议，共同组建一体化项目部，并受投资方委托实施工程项目全过程管理的项目管理模式。"一体化"即组织机构和人员配置的一体化、项目程序体系的一体化、工程各个阶段和环节的一体化，以及管理目标的一体化。

一体化项目管理以提高工程项目管理专业化水平和效率，降低管理成本为核心，运用先进的管理理论和技术，结合项目的特点，实现管理方与投资方各方面的资源优化配置，从而保证项目目标的达成，同时最大可能地实现项目的增值与项目费用的节省。一体化项目管理除了以上优点外，其控制职能也是不可忽略的，主要体现在以下四个方面：质量控制、费用控制、计划进度控制、HSE（Health，Safety，Environment，即健康、安全、环境三位一体管理）控制，从而极大程度地保证了项目的稳步推进与精准管控。

随着科学建设管理的普及，IPMT模式越来越多地被应用于国内外各种较为复杂的项目管理中，在实现人员、方案和资源的最优配置上发挥了重要作用。例如，IPMT模式在中国石油天然气集团有限公司（简称"中石油"）江苏LNG接收站三期工程项目中，在确保建设单位对项目的监督、控制和管理主导位置的同时，最大限度地引入和发挥中国海洋石油集团有限公司（简称"中海油"）在LNG接收站建设单位层面的管理优势、资源优势和体系优势。使中石油和中海油这两个最大的LNG接收站建设单位的知识资源、体系和管理文化结合，互补长短，共同推升中国LNG接收站建设的管理水平，体现了IPMT模式一体化项目管理的优势。又如，中原石化MTO项目作为炼油和乙烯石化类的建设工程项目，具有高投入、高风险且资金基数高度密集、技术要求高的特点，IPMT模式的应用使项目在投资控制、建设周期、组织协调、合同管理方面大大提升了资源配置效率，简化了协调工作量，体现了IPMT模式在复杂工程项目中优化资源配置的重要作用。

2. 项目IPMT组织体系总图

IPMT是一个跨部门虚拟组织，成员来自各大职能部门高层，包括建设单位、项目管理单位、施工承包商、建筑方及监理方。各方结合自身的团队优势，打造一支专业化的项目管理团队。其组织架构通常分为三层：决策层、管理层和执行层。

本项目中，IPMT的组织架构包括决策层、管理层和执行层三个层级，以及EPC总承包单位项目部、WPEC全过程监理单位项目部两个延伸体系，如表4.1-1所示，延伸体系的职能为现场一线执行，压实责任落地。IPMT管理架构为矩阵式，纵向为项目管理，横向为专业管理。纵向项目管理层面，依据事务重要度，实现层级管理与联动；横向专业管理层面，按照职能分组匹配、多线并行，实现专业化管理，不留盲区。充分体现一体化管理、专业化管理、高效率管理、高质量管理、扁平化管理、标准化管理。

项目IPMT组织架构 表4.1-1

三个层级				
第一层级（决策层）：专班				
综合协调组	投资保障组	建设管理组	运营管理组	疫后处置组
统筹决策	统筹资金	统筹建设	统筹运营	统筹平战
第二层级（管理层）：项目建设指挥部				
项目统筹组	前期设计组	工程项目组	招标商务组	材料设备组	工程督导组
统筹决策	设计管理 功能管理	施工管理 信息管理	招采合约 投资管理	材料设备 采购报审	安全文明 质量管控
第三层级（执行层）：项目管理组				
综合保障组	质量安全 保障组	土建专业组	电气专业组	水暖专业组	商务管理组
会务接待 信息报告	质量安全 统筹管理	土建专业 统筹管理	电气专业 统筹管理	水暖专业 统筹管理	商务报核 统筹管理

两个延伸体系					
（1）EPC总承包单位项目部					
综合协调组	设计管理组	商务管理组	驻厂管理组	现场管理组	后勤保障组
（2）WPEC全过程监理单位项目部					
综合管理部	设计管理部	招采合约部	驻厂监造部	工程监理部	后勤保障部

3. IPMT各层级人员配备及职能说明

1）第一层级（决策层）：专班

专班设立组长、副组长，成员由26个成员单位的分管领导组成。

决策层总体任务是重大问题协调决策、项目实施阶段工作的宏观控制和协调指导，下设五个部门：综合协调组、投资保障组、建设管理组、运营管理组和疫后处置组，具体职责如表4.1-2所示。

决策层各部门具体职责　　　　　　　　　　　　表4.1-2

部门	具体职责
综合协调组	负责统筹协调、综合管理项目前期决策、方案规划设计、建设项目实施与竣工移交、运营管理等阶段的工作
投资保障组	负责建设资金的统筹安排和拨付； 负责建设资金的前期审核； 负责项目的审计工作
建设管理组	负责统筹项目建设工作； 负责EPC总承包单位的评估和选择； 负责协调确认建设需求； 负责协调各类行政审批手续的办理、各类技术方案审查存在的问题； 协调运营管理智能化、智慧化和数字化建设有关工作； 统筹建设疫情防控、质量安全、投资造价、工期进度、生态环保等管控事项； 协调项目建设用电、用水、用气及管线迁改、构筑物拆除等事项
运营管理组	负责运营团队组建、物资筹备等前期准备工作； 负责疫情期间的运营管理工作； 建立疫情联防联控机制，加强运营管理疫情防控工作
疫后处置组	负责统筹做好平战功能转换衔接

决策层实现高效协调决策的关键因素在于：

（1）各单位提高政治站位，高度重视项目建设。

（2）加强组织领导，压紧压实各方责任。各有关区、部门主要领导亲自抓，分管领导直接抓，责任单位具体抓，按照分工抓好落实。细化职责分工，明确工作举措，明确要求责任到人，确保本单位工作任务落实到位，确保与相关工作协同落实到位。

（3）各有关区、部门加强统筹协调，密切合作，完善机制，科学组织实施，及时研判问题、解决问题，确保安全、高效、高质量地完成建设任务。

2）第二层级（管理层）：项目建设指挥部

由建设单位成立项目建设指挥部，下设六个部门：项目统筹组、前期设计组、工程项目组、招标商务组、材料设备组和工程督导组。成员包括建设单位各个职能管理机构，总体任务是统筹决策协调工程建设事项，实施HSE、质量、进度、费用和合同执行的有效控制，并承担除EPC管理、工程监理管理以外的其他项目管理工作。各部门具体职能如表4.1-3所示。

管理层各部门具体职能 表4.1-3

部门	具体职能
项目统筹组	统筹项目管理、信息资料收集上报、会务信息化、物资保障、重要公文的审核把关、对外宣传等工作
前期设计组	负责项目前期需求，可行性研究，规划、建筑方案确认； 统筹EPC总承包阶段施工图设计和施工配合等工作
工程项目组	负责项目建设进度、质量、安全、投资管控等工作
招标商务组	会同项目组办理项目招标委托相关事务； 负责项目合同签订、工程造价管理相关事务； 组织确定合同的计量计价规则，结算审核及报审工作； 参与监督参建单位材料设备采购定价、工程计量等工作
材料设备组	负责统筹监督常规材料和专用材料设备供应等工作
工程督导组	负责制定预案，做好项目现场的质量、安全、疫情防控监督管理等工作

管理层实现高效管理的关键因素在于：

（1）思想上高度重视，需要把问题想得严重一些，把风险想得大一些，把措施定得更周密一些。

（2）各工作组要在建设指挥部的领导下围绕目标分工协作，按照部署各司其职；进一步强化责任意识，主动担当作为。

（3）争分夺秒、全力以赴、坚定不移。

3）第三层级（执行层）：项目管理组

由建设单位工程中心主任担任项目主任，工程中心副主任、工程中心总工程师担任项目副主任。项目管理组成员由建设单位各专业工程师、WPEC全过程监理单位各专业条线管理者、EPC总承包单位各专业条线管理者组成，执行具体的工程管理与建设任务。下设六个部门：综合保障组、质量安全保障组、土建专业组、电气专业组、水暖专业组和商务管理组。

4. IPMT延伸体系

IPMT包括两个延伸体系：EPC总承包单位项目部和WPEC全过程监理单位项目部。除各专业条线的主要责任人参与执行层之外，为提升管理成效，监理单位和总承包单位还成立了对口部门，以实现职能对口管理，开展常态化对接，满足快速协调的需求。EPC总承包单位项目部下设六个部门：综合协调组、设计管理组、商务管理组、驻厂管理组、现场管理组和后勤保障组。WPEC全过程监理单位项目部下设六个部门：综合管理部、设计管理部、招采合约部、驻厂监造部、工程监理部和后勤保障部。

4.1.2 EPC一体化工程总承包

EPC（Engineering Procurement Construction）模式，通常指投资方仅选择一个总承包商或总承包商联合体，由总承包商负责整个工程项目的设计、设备和材料的采购、施工及试运行，提供完整的可交付使用的工程项目的建设模式。EPC模式适用于规模较大、工期较紧且具有技术复杂性的工程。

我国《建筑法》在第二十四条规定："提倡对建筑工程实行总承包，禁止将建筑工程肢解发包。建筑工程的发包单位可以将建筑工程的勘察、设计、施工、设备采购一并发包给一个工程总承包单位，也可以将建筑工程勘察、设计、施工、设备采购的一项或者多项发包给一个工程总承包单位；但是，不得将应当由一个承包单位完成的建筑工程肢解成若干部分发包给几个承包单位。"

相比于其他建设模式，EPC模式的优势在于能有效缩短建设周期，提高项目投资的经济效益，强化对项目的质量、进度、成本等方面的把控。其原因在于EPC模式具有以下特点。

1. 采用固定总价合同

EPC合同采用固定总价合同，即项目最终的结算价为合同总价加上可能调整的价格。一般建设单位允许承包商因费用变化调整合同价格的情况很少，只有在建设单位改变施工范围、施工内容等情况下才可以进行调整。所以，EPC模式对承包商的报价能力和风险管理能力提出了很高的要求。实际操作中，为了合理控制总价合同的风险，EPC模式一般用于建设范围、建设规模、建设标准、功能需求等较为明确的项目。

2. 由建设单位或委托建设单位代表管理项目

在EPC模式下，建设单位主要通过工程总承包合同约束总承包商，保证项目目标的实现。建设单位自身的管理工作很少，一般自己或委托建设单位代表进行项目管理。正常情况下，建设单位代表将被认为具有建设单位根据合同约定的全部权利，完成建设单位指派的任务；对于承包商的具体工作，建设单位很少干涉或基本不干涉，只对工程总承包项目进行整体的、原则的、目标的协调和控制。

3. 承包商承担了大部分风险

在EPC模式下，工程总承包单位承担了大部分的责任和风险，总承包单位需要对项目的安全、质量、进度和造价全面负责。

在本项目中，EPC模式所体现的优势如表4.1-4所示。

本项目中EPC模式的优势 表4.1-4

优势	说明
资源整合能力	直接参建分包单位162家，间接参建单位200余家
团队融合能力	项目经理引领团队高效工作，企业领导指挥驻场双岗制度
设计引领能力	设计先导作用和强有力的技术支撑
科技赋能能力	装配式建筑研发、设计、制造、施工优势
后台支持能力	后台（集团）全要素支持能力
快速反应能力	面对工程咨询提出的风险预判预警，能够快速反应
智能建造能力	工程在线，运输定位，智慧工厂，智慧工地，全过程BIM应用
精神激发能力	精神力量，激情工作，经济激励，文化引领
思想境界能力	企业文化，不计代价，不讲条件，不忘责任

4.1.3 WPEC全过程监理

WPEC（Whole Process Engineering Consulting，全过程工程咨询）是指对包括项目决策、工程建设、项目运营三个阶段的建设全生命周期提供组织、管理、经济和技术等各方面的工程咨询服务，包括项目的全过程工程项目管理以及投资咨询、勘察、设计、造价咨询、招标代理、监理、运行维护咨询、BIM咨询等专业咨询服务。同时，根据建设单位需求，为项目提供局部或整体解决方案以及管理服务。

在本项目招标文件中，明确监理单位承包范围包括项目管理和工程监理。本项目监理单位工作模式为"1+N"，"1"指工程监理，"N"指全过程项目管理，包括策划管理、设计管理、勘察管理、报批报建相关服务、合同管理、进度管理、投资管理、招标采购管理、项目组织协调管理、质量管理、安全生产管理、信息管理（含BIM咨询及信息化应用管理）、风险管理、竣工验收收尾及移交管理、工程结算管理、后评价等16项内容。由此可见，本项目监理工作的范畴、工作职责与WPEC高度一致，其特点如下。

1. 贯穿全过程，合理组织协调

（1）WPEC模式的工作核心为贯穿项目全过程，协助建设单位提升工程质量、管控投资成本、确保项目进度、深化风险识别和强化运维能力，实现多领域技术的有效统筹利用和各专业间的合理管理协调。

（2）常规建设模式中，建设单位与各参建单位间的管理监督网络相对较复杂，而在WPEC模式下，监理单位对工程建设的日常工作承担合规性、合理性、技术性的直接责任，建设单位主要负责重大决策和对外协调责任，有效减少了建设单位的管理事务。

2. 项目一体化管理，有利于提质增效

（1）监理单位进行预控化管理，协助建设单位建立一整套管理制度和流程。监理单位早期介入，先行对项目进行整体策划、预控，管理成效事半功倍；主体责任明确，提供全过程、全方位服务，避免扯皮推诿；管理扁平化，项目管理与监理一体，缩短流程，提高效率；管理专业化，由职业化管理团队提供优质、高效的技术及管理服务。

（2）全过程监理从建设全局通盘考虑，进行项目工作结构分解，识别项目风险，制定项目综合计划，可避免常规建设模式中系统性规划不足、各单位之间工作衔接脱节的通病。

3. 全方位技术支撑，专业化咨询

（1）"全"——不同于常规建设模式中"碎片式"工程咨询，WPEC全过程监理单位高效融合投资咨询、勘察、设计、招标代理及造价等各方面的工程咨询服务，变外部协调为内部协调，有效降低服务成本，缩短决策周期。

（2）"专"——监理单位对工程建设过程中的特殊结构、复杂技术、关键工序等技术措施进行审核、评价分析；对新技术、新工艺、新材料进行研究，对重要材料、设备、工艺进行考察、调研及论证总结，为项目建设过程中的技术问题提供专业性强的合理化建议或咨询报告。

4. 强化整体管控，减少各方风险

（1）大型项目既要高效完成建设，又要通过层层审计，因此存在一定的决策和审计风险。建设单位通过全过程监理服务，可将建设管理决策风险部分合理转移给监理方，减少自身承担的风险。

（2）在五方责任主体制及住房和城乡建设部"工程质量安全提升行动"的背景下，建设单位的责任风险增大，WPEC全过程监理单位作为项目的主要参与方和负责方，势必发挥全过程管理优势，通过强化管控减少甚至杜绝生产安全事故，较大限度地降低或规避建设单位主体责任风险。同时，可有效避免因众多管理关系伴生的廉洁风险，有利于规范建筑市场秩序，减少违法违规的行为。

根据本项目切实的需求，WPEC全过程监理单位甫一领命，即站在全过程工程咨询的角度，全面、系统地思考本项目建设特点及难点，并加以梳理和分析；同时，统筹策划项目建设组织、进度、质量、安全、投资、技术管理等；注重以运营为导向贯穿全过程，以目标为导向贯穿全过程，以风险为导向贯穿全过程。

4.2 多模式组织协同

本项目采取"IPMT+EPC+WPEC"的建设管理模式，通过组建三个层级的IPMT一体化管理团队，使建设单位、EPC总承包单位和WPEC全过程监理单位协同行动。在科学决策方面，共同协商决策，减少信息传递成本；在问题处理方面，实现及时发现、精准分析、快速解决。整体达成了设计、施工、资源调度和现场管控等多条关键线路的快速决策和指挥，有力地推进了项目快速建造。

1. IPMT决策层密集调度，协调联动

IPMT决策层（专班）建立多层级协商机制，快速、高效地协调解决一系列制约项目推进的问题。由建设单位牵头，与相关部门进行对接，对设计及功能需求逐一确认，并逐一梳理可能出现的具体问题，对发现的问题及时完善、逐一整改。

2021年8月13日工作会议后，有关单位迅速行动，部署建设的前期工作。一是充分对接使用需求。8月16日至9月3日，建设单位先后5次召开会议，与卫生健康部门对接院感、基本医疗救治、隔离防疫流程设计等需求，与运营单位对接酒店运营及服务配套需求。二是召开专题论证会。8月16日至9月14日，建设单位先后7次召开会议，会同教育、生态环境、卫生健康、运营等单位，专题论证医疗废弃物就地处理、污水处理、平面功能布局、防疫隔离流线、运营配套设备等专项方案。三是深化设计方案。根据使用需求和有关会议要求，在征求专班成员单位意见的基础上，建设单位组织方案设计单位对酒店管理服务及运营、防疫隔离及医疗保障、废弃物处理、人文关怀等方面进行了设计方案深化。四是审定方案深化相关成果。8月26日，建设单位负责人主持召开IPMT项目联合管理团队会议，会同教育、运营、使用单位等10个单位有关负责同志审定了项目方案、外立面、室内设计等有关事项。

IPMT决策层对于项目建设过程中不同阶段凸显的问题，先后成立了旨在提升工程质量管控和隐患排查效能的"质量安全保障小组"，倒计时60天冲刺的"六大攻坚小组"（智能化小组、移交验收小组、Ⅰ标段进度小组、Ⅱ标段高层建筑进度小组、质量安全小组、总结小组），与运营管理衔接的"建成后如何运行"等工作专班，制定工作方案，明确工作职责，明确过程式参与论证优化工作机制，组织有关单位从酒店运营、抗疫隔离、平战结合等方面的需求出发，认真核查设计流线、功能等各方面是否做全、做实、做细、做精、做优，是否实现"优而全、精而细"的目标。在交付阶段，建设单位、运营单位共同成立应急小组，就交付相关事宜进行攻坚，每日会商、灵活指挥，发现问题立即就地解决，保证满足酒店投入运营后的各项需求。

2. IPMT管理层强化管控，推进建设目标落地

IPMT管理层全面把控工期进度、质量安全等各项工作。在现场管理方面，督促指

导EPC总承包单位和WPEC全过程监理单位完善楼栋长负责制，强化责任落实，加强对分包单位、材料设备供应商的指挥调度；督促指导EPC总承包单位加强科学管控，细化管理颗粒度；明确EPC总承包单位驻场指挥的主要负责同志，提级调度，整合资源，加大劳动力投入；利用甘特图、形象进度曲线图、"红黄蓝"等措施，加强工期进度的把控，利用工序工作面矩阵图加强工作面的统筹；合理安排白班和夜场资源，既提高功效又降低成本；建设单位主动约谈长期稳定合作的分包单位，准备可以随时调度的优质劳动力资源。

在合同管理及民工工资管理方面，IPMT管理层督促指导EPC总承包单位由公司领导挂帅成立合同管理专班，梳理、规范各类分包合同，堵塞法律漏洞，解决制约合理组织劳动资源的关键问题；加强工人实名制管理，实行"两周一结"工资结算制度，由建设、监理单位监督，确保员工工资按时支付，防止恶意欠薪影响项目快速推进。

在质量管理方面，IPMT管理层督促指导EPC总承包单位明确责任，加强现场质量安全分区分栋管控，确保各项措施落实到位；建设单位会同监理单位组建现场质量安全巡查队，早中晚一天三巡，动态研判、及时发现可能出现的质量安全风险和问题；督促指导EPC总承包单位成立现场文明施工6S（即整理、整顿、清扫、清洁、素养、安全）行动队和现场隐患整改行动队，对发现的问题立行立改，完善安全工作条件，提供良好的工作环境，既提质提效又确保安全。

在技术管理方面，IPMT管理层督促指导EPC总承包单位、WPEC全过程监理单位分别组建技术专班，加强危大工程的技术方案审查、技术交底把关，全程监督指导拆除拆塔等高危作业，采取一系列措施加强交通和消防安全；建设单位牵头成立质量安全攻坚小组，开展结构、功能、防水、观感等事项的全面梳理及检测检验，及时防范系统性质量问题，减少质量通病；编制钢结构、防渗漏等关键分项施工指引，排查整改结构安全、屋面防水、幕墙拼缝、室内打胶、空气质量等隐患，不留死角。

3. EPC与WPEC双模式协同耦合

近年来，我国大力倡导工程项目组织模式创新，基于《国务院办公厅关于促进建筑业持续健康发展的意见》（国办发〔2017〕19号）、《国家发展改革委 住房城乡建设部关于推进全过程工程咨询服务发展的指导意见》（发改投资规〔2019〕515号）和《住房和城乡建设部 国家发展改革委关于印发房屋建筑和市政基础设施项目工程总承包管理办法的通知》（建市规〔2019〕12号）等文件，各地政府积极推行工程总承包和全过程工程咨询的组织模式。EPC工程总承包与WPEC全过程监理双模式协同耦合，一对一配套，以改革创新推进政府工程高标准、高质量建设，为行业未来发展奠定了战略方向。

EPC模式和WPEC模式在工作目标、工作内容、工作重点等方面高度一致。双模式遵循各负其责、相互配合的原则，一个侧重于实施，一个侧重于管控，工作上一一对应，无缝对接，实现了对项目的无盲区管理；并且在EPC的设计管理、采购管理、分包管理和部门协同等方面结合监理单位的监督、补充和完善，将会使管理深度和效果达到新的高度。

在项目启动阶段，EPC总承包单位和WPEC全过程监理单位即共同召开座谈会，就落实"IPMT+EPC+WPEC"模式进行研究，统一目标、统一理念、统一行动，为双模式的协同耦合奠定了基础。

在项目推进过程中，通过每日项目例会、专题会议、专题报告、联合巡查、分层级沟通等方式，加速管理融合并及时有效地解决了项目推进过程中存在的各种问题。在项目装配式建造、绿色建造、科技监造、智慧建造、数字化、标准化、信息化等方面，EPC管理团队和WPEC管理团队联合力量，共同开展课题研究，分析建造问题，破解建造难点，总结建造经验，为建设示范项目贡献集体智慧，体现了双模式的魅力。

本项目EPC工程总承包+WPEC全过程监理双模式各职能条线的协同应用关系如下。

（1）设计管理协同应用见表4.2-1。

EPC+WPEC设计管理协同应用　　　　　　　　　　　表4.2-1

EPC责任	承担设计任务	按照计划，自行安排设计工程师开展设计工作	
WPEC责任	履行设计管理	各专业一一对应，无缝对接	发挥咨询工程师的专业能力，助力设计质量和进度
设计管理手段	设计成果报告会，设计成果审核机制，设计协调会，设计交底会，功能需求调研，设计策划，设计计划		方案比选 专家论证 设计优化
发挥IPMT模式优势	WPEC为对接人	体现建设单位的意愿	

（2）采购管理协同应用见表4.2-2。

EPC+WPEC采购管理协同应用　　　　　　　　　　　表4.2-2

EPC责任	承担采购任务	按照计划，自行安排采购工程师开展采购工作	
WPEC责任	履行采购管理	一一对应，无缝对接，开展采购质量和进度管控	发挥咨询工程师的专业化能力，助力采购工作
采购管理手段	品牌报审，造价报审，成本分析，支付审核		
发挥IPMT模式优势	WPEC为对接人	采购管控，商务审核，体现建设单位的意愿	

（3）监造管理协同应用见表4.2-3。

EPC+WPEC监造管理协同应用　　　　　表4.2-3

EPC责任	承担制造任务	按照计划，落实制造任务，并自行安排监造工程师开展监造工作	
WPEC责任	履行监造管理	一一对应，无缝对接，开展加工生产的质量、安全、进度管控	发挥监理工程师的专业能力，助力监造工作
监造管理手段	材料报审，现场旁站，投入的劳动力资源分析		
发挥IPMT模式优势	WPEC为对接人	体现建设单位的意愿	

（4）施工管理协同应用见表4.2-4。

EPC+WPEC施工管理协同应用　　　　　表4.2-4

EPC责任	承担施工任务	按照计划，落实施工任务，并自行安排施工班组开展施工管理工作	
WPEC责任	履行监理责任	一一对应，无缝对接，开展施工质量、安全、进度管控	发挥监理工程师的专业能力，完善施工管理工作
施工管理手段	材料报验，现场旁站，见证，巡查，投入劳动力资源分析		
发挥IPMT模式优势	WPEC为对接人	体现建设单位的意愿	

（5）分包管理协同应用见表4.2-5。

EPC+WPEC分包管理协同应用　　　　　表4.2-5

EPC责任	选择有经验的分包商签约	按照计划，落实分包任务，并自行安排管理工程师开展分包管理工作	
WPEC责任	履行监理责任	开展分包施工质量、安全、进度管控	发挥监理工程师的专业能力，完善分包施工管理工作
分包管理手段	分包商资质核查，分包施工协调，分包施工管理		
发挥IPMT模式优势	WPEC为对接人	体现建设单位的意愿	

　　　　　　　　　　　　　　非凡的建设——大型平急两用项目建设管理创新实践

（6）信息管理协同应用见表4.2-6。

EPC+WPEC信息管理协同应用

表4.2-6

EPC责任	上报项目推进过程中的各类信息	落实信息管理责任人，披露项目推进过程有关质量、进度、安全、环境、劳动力资源投入等真实信息，提出EPC工作推进过程中需要协调的问题等	
WPEC责任	履行信息管控责任	开展信息的标准化管理及分析	信息的统筹、整合、发布、反馈
信息管理手段	会议管理，报告管理，需求调研，问题调研，编制工作模块动态信息表		
发挥IPMT模式优势	WPEC为对接人	体现建设单位的意愿，快速决策、快速协调，开展重大问题预判机制	

　　EPC管理团队和WPEC管理团队在IPMT体系内与建设单位融合形成IPMT工程管理主体，同时各自通过组织延伸为IPMT增添强有力的两翼，两翼功能对称平衡，助力项目行稳致远。

　　在项目管理过程中，EPC和WPEC双模式团队相互学习、开放思维、相互包容、着眼未来，不断探索理念创新、组织创新、科技创新、管理创新，取得良好成效。两者的结合有助于大量减少建设单位直接面对的工程参建单位的数量，有助于落实承包单位、咨询单位的主体责任，减少推诿扯皮现象，提升工程运行效率。同时，结合IPMT虚拟组织机制进一步集成组织系统，整合工程实施系统的组织资源，强化了建设单位、EPC总承包单位和WPEC全过程监理单位之间的协同作用，大幅度提升项目沟通协调和推进效率。项目各项工作推进有序，顺利达成既定目标，充分体现了"IPMT+EPC+WPEC"模式的优势。

第5章
管理创新

5.1 多元落实，时查时报的目标管理新机制

5.1.1 "3+6+8" 多目标综合管控体系

项目在建造实施过程中重点落实"三个维度管控""六个统筹""八个机制"，全面、系统、有序地推进项目的建设。

1. 落实"三个维度管控"

（1）目标管控。紧紧围绕"零伤亡"安全目标、"零隐患"质量目标及"零感染"疫情防控目标等，系统、有序地抓好各方面任务目标。

（2）过程管控。统筹项目全生命周期各阶段各环节的管理工作，建设单位、EPC总承包单位、WPEC全过程监理单位全面把控，带队领导现场督战决策，分楼栋确定"楼栋长"，层层落实推进；设计、勘察、采购、建设、施工、运营全链条把控，精细策划，落实奖惩，高效推进。

（3）协同联动。项目各部门、各参建单位主动搭接，按照IPMT团队和专班（小组）作战模式，通力合作，协同作战，确保任务完成。

2. 落实"六个统筹"

（1）统筹工期进度。制定项目进度计划节点图和施工总进度计划甘特图，把握关键节点；对照投资计划和施工作业工序，绘制形象进度曲线图和工序—工作面方格图，全面掌握现场进度，实时调整策略，作出决策。项目建设过程中，通过DFMA（Design for Manufacture and Assembly，制造和装配设计）–模块化装配技术、资源及时调度、新型建造技术等策略，保障现场施工组织管理有序、高效。通过以上进度控制方法与建造策略，本项目进度管理有效地控制了各施工节点，高效落实工期计划，从分解细化责任目标出发，稳步推进进度计划，压实主体责任。

（2）统筹优势资源。建设单位通过邀请招标、战略合作及品牌库等筛选机制，最终选定与项目要求吻合的合作单位。各参建单位集中投入优质资源，精选管理班子强强联合，根据计划提前合理配置人、机、料等资源。优先选择分包资源中的核心供应商，剩

余作为储备资源，并在进场前组织进场见面会，通过法人约谈，明确退出机制要求。

Ⅰ标段EPC单位应用五大战区优势资源，完成160余家分供商定标，集结4大钢结构生产基地、17家箱体加工及装饰厂家，累计完成1288个箱体、3.5万t钢构件、21499块幕墙单元板块的加工、制作及安装，高峰期现场施工工人数超过1.3万人；Ⅱ标段EPC单位发挥集团平台优势，依托供应链集采平台，完成220家分供商定标，集结广东各地14个加工厂，累计完成1637个精装修MiC（模块化集成建筑）箱体、12138块单元式幕墙、1.6t钢结构构件加工，高峰期现场施工工人数超过1.4万人。

（3）统筹现场管理。各级领导靠前指挥，以"四不两直"（不发通知、不打招呼、不听汇报、不用陪同接待，直奔基层、直插现场）为原则，进行现场督战，推进重大风险预判、质量安全隐患排查及事项决策工作；建设单位工程中心领导带队检查，项目组现场24小时值班巡查，分区一体化联手管理班组，以楼栋为单元划片分区并组成网格，各楼栋长加强动态管控，督导现场进度、质量、安全等工作；第三方派驻现场，采用嵌入式巡查模式，切实保障项目安全、高效推进；施工单位优化组织设计，建立快速响应机制，落实6S（即整理、整顿、清扫、清洁、素养、安全）、质量、安全、文明施工等管理要求。

（4）统筹技术管理。深入贯彻装配式、固体废弃物处理、绿色建造、BIM及智慧工地等新型技术应用，落实6S等现场安全文明施工管理措施，最大限度地提高现场技术水平，保障安全文明施工；有针对性地加强管理人员和员工培训，以精细化管理弥补产业工人缺乏的短板。

（5）统筹策划、部署、推进和检查工作。市领导、建设单位领导、建设单位工程中心领导及项目组驻场人员有序开展现场决策、管理、检查工作，统筹部署推进现场进度、质量、安全等全方位管控。项目组通过各类培训、专题会议等提升管理人员前期策划、工作部署及检查能力，确保建设工作有序推进。

（6）统筹监督检查和奖惩工作。加强合同管理，落实项目建设期间及维保期间的监督检查，利用制度及合同条款中的考核评价和激励措施，发挥杠杆效应，确保各项工作落到实处。

3. 落实"八个机制"

（1）主体责任落实机制。一是结合"IPMT+EPC+WPEC"组织模式，组建包含EPC总承包单位和WPEC全过程监理单位的IPMT管理团队，单位主要领导担任项目指挥长，驻现场指挥，压实主体责任，最大限度地调动各单位优势资源，确保驻场工作人员数量充足，工作模式最优，明确楼栋长，任务清单责任到人，确保项目如期推进。二是落实合同管理，按照前期、实施和结算的过程控制，分别采用合理竞价、限额设计、材料设备多种定价、变更控制、结算六级审核机制等方式，强化投资控制。三是强化监理旁站工作实效，实行监理单位工作人员"三班倒"，全过程参与项目建设、材料进场验收等工作，强化总承包单位质量管控。四是EPC总承包单位实行矩阵式管理，压实工区责任制，专业线和职能线分解至工区由工区长统一管理，全面服务和支撑工区管理。

（2）重大问题研判预警机制。项目建立协同决策体系，每日通过碰头会、会议纪要及日报进行重大问题研判预警，提高各专业线前瞻性。

（3）密集调度机制。按照时间铺满、空间有序的原则，全过程保障人、机、料等资源的供给配备，全方位统筹材料设备进场、作业面及作业时间，保障资源密集调度，将项目有限的人力、物力资源重点倾斜至进度压力大的工区或工序，确保重点区域、重点工序及时完成。IPMT管理层、执行层及项目现场均落实密集调度机制，实现"一盘棋"管理，密集调度、灵活调度，保障项目有序推进。

（4）重大问题协调机制。根据问题推进和需协调事项的难度，分层级组织召开协调推进会。一是上级领导多次现场调研，超前决策，为项目推进指明方向。二是建设单位领导靠前指挥，出席现场检查及会议调度百余次全链条把控项目系统，有序推进建设。三是建设单位工程中心领导现场督战，全过程推进项目安全、高效、高质量建设，共召开四百余次现场协调会议，解决落实问题逾千项。项目建立每日例会协调机制，通过班子会、调度会、碰头会、专业协调会等，及时解决项目过程中出现的问题，做到"当日问题不过夜"。

（5）事项销项机制。认真落实各级领导交办的各项任务，结合现场实际情况，建立立项销项表，将所有待办事项和需协调事项明确具体需求、措施、主要工作、专业分包、完成时限及责任人，逐项对照，立项销项。项目建设过程中共立项涉及新增需求、报批报建进度、现场质量及交通疏导等事项逾300项，均按时限要求推进落实，满足立项要求。销项工作逐项分解到人，EPC总承包单位实行完成即奖、反之则罚的措施。

（6）日报清单机制。一是上级领导督办事项清单，对上级领导到项目现场调研发现的问题及召开专题会所研究的项目建设相关事宜进行落实，并对照形成清单管理，定时更新进展，确保不漏项。二是建立现场各类事项清单，如审批事项清单、外部协调事项清单、收边收口销项清单等。三是每周编制项目周报，主要包括一周项目进展、工作动态以及现场建设实景，反馈各攻坚小组、保障小组工作进展及各类清单进度情况，为领导决策提供依据。四是每日编制项目日报，包括项目进展、人材机资源投入、投资进度曲线等关键信息，及时梳理项目一手消息。项目后期，针对新增需求，编制新增需求日报，梳理新增需求的实时进展。

（7）巡查机制。项目领导班子每日带头践行带班巡场的巡查机制，早巡查问题并制定节点，晚闭合销项并评比通报，促使连轴转平稳高效，全过程质量、安全可控。

建立健全"四组一制"质量安全管控模式（表5.1-1），建立以网格化责任制为基础的"楼栋长制"，确保有专人负责监管和整改落实项目所有区域、工段、工区、楼栋、楼层等物理空间的质量安全隐患问题及6S管理问题。

"四组一制"质量安全管控模式

表5.1-1

小组名称	主要职能
重大隐患整改小组	整改落实相关隐患
6S专项管理小组	按6S管理标准持续改善现场文明施工与工作环境
违章作业纠察小组	及时制止不安全行为，下沉管理责任，落实奖惩措施
技术审核把关小组	审核把关危大工程技术方案、安全技术交底、作业指导书

此外，依托于现场项目管理团队所成立的质量、安全巡查小组，建立并实行"每天四检一碰头"（早、中、晚及凌晨专项检查，问题碰头分析，及时整改回复）的质量、安全专项问题销项机制。

（8）考核奖惩机制。建立健全劳动竞赛机制，针对计划完成率良好的分包单位及个人，通过夜间加班补贴、节点奖等形式当场发放现金，反之，完成较差的分包单位负责人需录制检讨视频，并在大群通报，营造"比学赶帮超"的良性竞争氛围。

5.1.2 多元化协同管控机制

本项目工期紧、建设任务重，因此常规管控方法在本项目中不完全适用。针对本项目特点，项目创造性地制定并实施了8项管理制度，有力地推进了项目工作开展，确保项目顺利完工。

1. EPC总承包单位高层推进会制度

为推动项目各项工作进度，EPC总承包单位每周召开项目领导小组协调会议，公司高层核心领导、项目班子成员及各职能线、专业线负责人参会，由项目经理主持，对项目的工作进展、存在问题、需协调解决问题和后续计划进行重点研讨和分析。通过公司高层推进会制度，将项目建设情况、遇到的问题等直接与公司最高决策者进行反馈，公司领导会上直接决策并制定相应工作计划（生产、设计、商务、科研、党建等），协调组织资源的投入，"穷尽一切可能"解决项目存在的重点及难点问题，推动项目顺利进展，确保项目按时按要求完工。

2. EPC总承包单位和WPEC全过程监理单位高层领导驻点督战制度

有别于常规项目中公司高层领导执行的项目例行带班生产检查制度，本项目中，EPC总承包单位总经理、副总经理、总法律顾问和WPEC全过程监理单位副总裁长期驻点项目督战，直接参与工程建设，对建设过程中的资源、组织、部署事项进行直接决策，使项目在推进中对各种问题做到及时反应、快速定案，推进项目建设。

3. EPC总承包单位和WPEC全过程监理单位高层领导带班制度

（1）公司高层夜班带班制度：为充分发挥夜间施工功效，抢抓一切可利用时间，严守夜班施工安全，EPC总承包单位和WPEC全过程监理单位的高层领导班子轮流进行夜班带班巡场，项目班子轮流通宵跟班检查，各分包项目经理参与夜班巡场。

（2）EPC总承包单位高层领导栋长带班制度：高层建筑后期施工时，建立公司高层栋长带班制度，公司高层领导一人负责一栋楼，统筹楼栋的施工，靠前指挥楼栋的人员组织、资源调配，共同推进项目的安全生产工作。

4. EPC总承包单位专项授权制度

在合规范围内，EPC总承包单位对项目全面授权、精简流程、下放权限，优化支付办法，将决策权授予一线团队，让听得见炮声的人去指挥战斗。比如常规项目上，B级方案需要项目部、城市公司、大区层层审批，审批流程与修改时间较长。而在本项目上，B级方案由项目审批，总部则把控超危大方案的编制、审核及实施，极大地减少了流程及修改时间，使方案能快速应用于施工中。

5. 工区长责任制制度

项目现场施工以生产经理为总协调，根据建筑布局及特点，将现场划分为若干个工区，分别设置工区长进行统筹管理；工区内每栋楼设楼栋长负责楼栋施工管理。工区长对工区内的技术、施工、商务、生产等各专业工作统筹负责，合理配置、利用资源，制定施工计划，确保工区内各项工作在规定时间节点前快速且顺利地完成。各工区之间形成良性竞争关系，你追我赶，互帮互助，共同朝着项目竣工节点勇毅前行。

6. 每日协调会制度

每日18：30召开项目协调会，各单位专业线、职能线、工区长以及现场工长参会，会议主要由各负责人针对工作计划汇报每日工作完成情况及明日工作计划，同时提出需协调解决事项于会议中完成协调处理。每日协调会在项目内部建立了畅通的沟通协调渠道，提供了有效的问题处理方式，做到今日事今日毕，有效推进了各项工作的进展。

7. 日报及进度计划预警制度

要求各分包单位每日上报劳动力人数与机械使用情况，及时收集上报项目建设进展及重大问题，以图表形式展现，形成可视化进度管理，动态跟进现场进度。同时，编制《进度计划延误预警分级表》，建立项目进度计划预警机制，对各级进度计划进行监控，每日公布进度延误情况。根据预警等级，采取约谈分包单位、蹲点等方式，分析滞后原因，及时采取应对措施。

8. 合作伙伴联席制度

EPC总承包单位与主要合作伙伴实行"总对总"对接，邀请分包单位一把手与EPC

总承包单位董事长、总经理及项目班子进行面对面交流，搭建良好的高层互动，提升政治站位高度，统一项目建设目标，为项目实施层面的高效对接与工作有序推进奠定良好的基础。项目实施过程中组织多次履约推进会、大型分供商见面会，及时解决合作伙伴遇到的问题，全链条跟进材料、设备、人员、场地等过程管控工作，确保合作伙伴与EPC总承包单位步调一致。

5.2 多方严控，层层把关的质量管理新机制

5.2.1 质量管理机制

1. 质量监督体制

落实"建设单位、建设单位项目组、全过程监理单位"三级监督管理机制。在充分发挥EPC总承包单位质量主体意识和WPEC全过程监理单位管控职能的同时，建设单位派驻第三方巡查组开展现场质量监督管理并接受建设单位的指导。对于现场发生较为严重的或反复出现的质量问题，第三方驻场人员或监理在现场开展督导纠偏工作，并形成工作报告。建设单位针对《三级督导工作报告》反馈的质量信息会同项目组进行研判，并视情况到项目现场督导推进问题改进，必要时将相关内容提交建设单位项目决策层，以推进现场工作。

2. 楼栋网格化管理机制

以楼栋为单元划片分区，形成网格化管控格局。保障组、监理、总承包三方小组人员深度融合，第三方质量巡查嵌入式管理，层层梯队包干，责任到人，梳理排查施工现场质量问题和安全隐患，达到联防联控的目的，下沉式管理到现场班组。对未严格按照工程设计图纸或者施工技术准则施工的质量隐患，现场及时提出，责令改正，并反复强调工程质量问题存在的风险，以问题为导向，全面压实主体责任落实。

实施楼栋长制，发挥楼栋长优势，及时反馈现场存在的质量问题；整合监理、总承包、班组资源，在最短时限内完成现场质量问题整改销项。

现场质量风险隐患做到立办立结、日办日结，形成"检查、整改、闭合、销项"闭环管理工作机制，责任到人。

3. 落实"八大机制"

在质量管理过程中，全面落实八大机制（主体责任落实机制、重大问题研判预警机制、密集调度机制、重大问题协调机制、事项销项机制、日报清单机制、巡查机制、考核奖惩机制），确保质量目标实现。

将"事前预防、事中控制、事后总结"贯穿于施工阶段质量管理过程中，不断提升项目质量控制水平和能力。始终以提高一次成优率为质量管控要点，提前制定验收标准，强调重点工序交接制度，及时总结反馈问题，减少不必要的返工，提高施工效率，保障快速建造。

5.2.2 多主体质量管理措施

1. 建设单位质量管理措施

1）组织保障措施

建设单位制定《项目钢结构工程施工质量研判工作指引》和《项目防渗漏施工质量研判工作指引》，指导现场施工及质量管理工作。从建设单位抽调2名质量工作人员，每标段安排1名驻场人员负责质量管理工作，协调现场各参建方，确保信息快速传递。

组织第三方咨询公司组成驻场团队，每标段派驻2名专业工程师，24小时驻守项目，负责质量巡查服务工作，确保现场质量问题第一时间发现，杜绝重大质量问题的发生。

2）发挥第三方单位功能

第三方巡查人员根据建设单位的工作安排，每日对1个楼栋开展有针对性的抽查，通过深度巡查对比楼栋之间出现的质量盲点。统筹、协调各负责人召开专项议题会议，商定解决方案，必要时要求设计人员明确整改措施及方案。问题整改以监理下发的整改通知单形式回复，须由专业监理工程师、总监理工程师签字确认提交第三方质量巡查组进行审核，并发送至质量保障群，以此压实各楼栋总包、分包以点带面进行整改，杜绝同类质量问题重复出现。若第二次抽查频繁出现此类质量问题，监理方下发整改通知单或处罚单，并督促总包整改解决相关问题。通过第三方驻场服务和质量巡查评价督促监理单位跟踪督办问题整改，不断督促施工单位落实整改措施，实现"早发现、早化解、早处置、全闭环"。

第三方单位两标段共巡查8次，共计发现质量问题609条，其中A类问题0条、B类问题87条、C类问题522条，整改605条，检查时整改闭合率99.34%（全部整改完毕）。

3）压实监理在岗履职

建设单位每天对监理单位人员的在岗履职情况开展专项检查及抽查。针对现场存在的质量问题，对照监理通知单、整改回复单及第三方巡查报告，核查问题督促整改情况、核实监理人员履职情况，确保问题原位整改，举一反三，以点带面排查，逐项整改到位。

2. EPC总承包单位和WPEC全过程监理单位的质量管理措施

为实现项目高品质快速建成的目标，项目始终遵循"事前预防、事中控制、事后总结"的质量管理原则。事前预防，重点强调样板先行，以样板引路工作带动现场质量标准的确立，落实质量交底；事中控制，从"原材智能制造"出发，把控检验试验、过程巡检及实测实量；事后总结，通过质量梳理提升会议来分析解决质量问题。全过程统筹现场管理、统筹技术措施、创新应用IPT（Integrated Project Team，集成项目团队）模式、强化质量验收管理，做细做优质量管控。具体管理措施如下。

1）明确目标，全面策划

2021年8月开工前，项目就明确质量目标为：4个月建成运营、一次验收合格率100%、争创鲁班奖。为此，建立质量管理专业小组，针对工序工艺实现专人专岗专项的质量责任体系，确保质量一次到位。

2）统筹技术措施，样板引路

由于项目的特殊性，采用边设计边施工的模式，所以项目部根据工程难点、特点及隔离酒店的特殊流线，采取相应措施，做到功能清晰、要求明确；并提前做好方案策划，尽可能避免或减少工程后期的设计变更。

以施工进度为主线，高度集成承包单位联合体的设计制造施工技术；以设计管理为抓手，统一技术质量标准，研究解决施工质量验收适用标准事宜。

联合设计部与技术管理部加强技术全过程管理力度，从图纸源头减少复杂工艺，优化节点构造，为施工端创造良好的实施条件；打造实体样板、工艺样板以及虚拟样板，通过样板模拟实战情况，开展产业化工人操作培训，经过PDCA（计划—执行—检查—处理）循环强化操作水平，提升人员实操能力；参与技术方案编制，明确工艺工序及施工质量验收流程与标准，严格把控成品质量；结合BIM可视化技术辅助现场施工，做到过程一次成优。

在项目推进过程中，针对重大技术方案，Ⅰ标段举行了10次专家论证会，Ⅱ标段举行了16次专家论证会；专家评审内容涵盖基础设计、软基处理、模块化结构体系、建筑幕墙、建筑防水体系等；邀请了多位业内极具威望的院士、全国和省级勘察设计大师进行技术把关，利用专家经验完善设计，确保本质安全。

在项目推进过程中，明确重要施工工艺样板先行，如钢结构焊接前做工艺评定、钢结构箱体加工前做试箱、箱体装修前做样板箱、集成卫浴安装前先做试样间、幕墙样板片、墙板样板等。Ⅰ标段共实施12个样板间、24种实体样板、268种材料样板；Ⅱ标段共实施8个样板间、20种实体样板、225种材料样板。基于严格组织管理，注重施工过程质量控制，确保工程施工质量得到保障。

3）统筹现场管理和主体责任机制

建章立制，进一步完善项目多层级质量安全管理制度。监督承包单位质量保证体系的建立健全和有效运转，落实主体责任，确保人员到岗，履职到位，明确承包单位质量主体责任，强化承包单位自我管理能力。各地块标段因地制宜，因时制宜，施行划片分区形成网格化格局进行质量管控，项目建设、监理、总承包三方专业小组人员深度融合，下沉管理作业班组，促进执行层面精细化施工水平，提升工程质量。

项目采用"既抓全面又抓重点"的质量管理方式统筹现场管理，建立专项巡检机制，重点针对防水施工、幕墙实测实量、装饰装修观感质量、市政打压试验等重点工序进行检查；建立工序交接及隐蔽验收机制，强化施工过程中隐蔽工程质量的全面把控；建立旁站监督机制，对重要快速隐蔽工序进行监督；建立承接查验机制，提前介入，确保工程顺利移交。

总承包技术质量部统筹工区、各专业线及职能线，联合监理单位及第三方质量监督机构，赋能各工厂制作及现场施工，下沉至分包质量管理中，直接交底班组，强化内部沟通机制。

4）加强分包质量管理，强化驻厂监造过程控制

Ⅰ标段分包单位79家，加工厂29家，遍布全国16个省市。

Ⅱ标段分包单位83家，加工厂28家，遍布全国15个省市。

基于项目工厂化、模块化、标准化的特点，项目采用模块化箱体技术及钢结构技术。由于二者的加工制作涉及多地、数家制造厂/点及数十道工序环节，为保证质量，引入"检验试验计划"的管理方法和工具，WPEC全过程监理单位驻厂监造，参建各方高效协同，严控工厂生产环节的箱体和钢构件的质量品质，成品箱体或构件出厂前由总承包、工厂、监理三方共同验收，形成"一箱一档"，严把箱体出厂关，决不将质量问题带出厂外。

项目组统筹管理，按照保工期、保质量、保安全的"三保"目标，要求分包队伍必须有公司领导驻场坐镇指挥，并配备相应的技术人员进行把关，EPC总承包单位和WPEC全过程监理单位派相应的专业人员对28个专业860多道工序进行全程管理。如钢结构加工时，项目部就分别派出27名（Ⅰ标段）和21名（Ⅱ标段）钢结构人员驻场进行过程管理，两标段合计组织质量会议39次，验收1260次，有效地保证加工质量。

5）强化成品交付的质量品质

落实"交付先评估"制度，严把项目竣工移交质量关；履行"移交实体、不移交责任"的承诺和义务，监督各责任主体单位切实履行质量主体责任和保修义务。针对重点工序的移交及隐蔽工程质量问题，联合监理单位开展工厂及施工现场举牌验收制度。编制质量验收流程及验收标准手册，对原材出厂、箱体出厂前工序验收及材料进场、箱体进场进行严格把控，确保源头质量。同时，针对现场重点工序、工序交接及隐蔽验收工序进行质量举牌验收，用标准强化验收管理。

6）以问题为导向实施"事项销项机制"

对影响工程质量的技术方案和质量控制措施文件，对可能产生质量隐患的环节和关键点，以及已存在的质量问题，采取挂牌督办、立项销项、立办立结的方式，按照"三定"（定任务、定人员、定时间）原则，成立质量联合保障小组，加强质量预控和过程控制，加强整改销项，实现流程闭环，确保工程质量。

Ⅰ标段总承包单位和全过程监理单位投入质量管理人员共93人，建立规章制度28项、技术交底162次，现场累计检查23064人次，实测实量检查2686次，发现整改销项问题1.3万多条。

Ⅱ标段总承包单位和全过程监理单位投入质量管理人员共115人，建立规章制度41项、技术交底145次，现场累计检查25806人次，实测实量检查2357次，发现整改销项问题1.1万多条。

两标段共计57家加工厂均安排专业监理工程师驻厂监造，从根本上保障本工程本质安全、确保工程质量。

7）创新应用ITP模式

ITP（Inspection and Test Plan，检查与测试计划）质量管理模式分为ITP释放、ITP执行、ITP关闭三个阶段。ITP释放阶段强调ITP编制管理，项目在前期样板间施工过程中编制了一套完整的质量验收流程及标准，并针对各道重点工序选择质量控制点，划分管理职责，明确各质量控制点及标准的实施。ITP执行阶段分为施工和验收两大部分，施工责任主体单位按照编制的ITP和施工方案进行施工；验收贯穿于整个施工过程，一步一验收，按照ITP中设定的检验点，对施工项目进行检查并判断质量是否符合标准。ITP关闭阶段强调移交前调试，项目结合查验管理，加强对移交前使用功能及观感质量的检查调试工作。

5.3 超前部署，闭环管控的安全管理新机制

5.3.1 安全管理机制

1. 安全风险研判及分级

项目现场按不同施工阶段，动态识别安全风险因素，确定风险等级。Ⅰ标段各施工阶段研判项目安全风险21次并进行专题讨论，Ⅱ标段各施工阶段研判项目安全风险42次并进行专题讨论，同时，提前拟定安全风险防范和应对措施。

2. 危大工程方案审查论证和落实核查机制

提前梳理项目的危大工程及其规模级别，针对风险性较大的工程，编制专项安全施工方案；对于风险性较大的施工条件，需详细罗列前置条件清单，共同推动承包单位及

时完善风险性较大工程施工前的技术、人员、设备、培训教育等各项准备工作。

成立危险性较大分部分项工程技术审核把关队，在风险性较大工程实施前，对危大工程开工条件验收清单中罗列的事项逐项确认，达到条件后方可施工。项目共审核相关安全专项方案Ⅰ标段140份、Ⅱ标段106份，针对危大工程共组织专家论证Ⅰ标段10次、Ⅱ标段6次。

3. 以网格化责任制为基础的"楼栋长制"

建立以网格化责任制为基础的"楼栋长制"，根据不同阶段各区域存在的安全风险及风险等级大小，实施清单管理和分级管控，定期检查确认安全生产管理措施落实情况；针对每个网格，由项目组、监理、总承包三方安全小组人员会同第三方安全评估驻场人员，梳理排查施工现场安全事故隐患。

每日召开楼栋长碰头会，对当日的工作情况进行分析，对制约项目进展的障碍及时协调督促。

4. 多层级安全巡查考核机制

由建设单位、EPC总承包单位、WPEC全过程监理单位、第三方安全单位人员共同成立违章作业纠察队，每日安全带班巡查。Ⅰ标段共投入安全管理人员约5300人次，Ⅱ标段共投入安全管理人员约4800人次，组成安全联合小组，开展现场安全巡查。

建设单位、EPC总承包单位、WPEC全过程监理单位根据安全隐患排查情况及相关安全管理落实情况，设立奖惩考核机制，督促安全管理人员履职履责，及时消除事故隐患。

5. 事项销项机制

成立重大隐患整改行动队，对存在的安全文明施工问题，采取立项销项、挂牌督办、立办立结、日报日结的方式，充分应用建设单位工程管理平台，对发现的问题采取立项、跟踪督办、整改销项、流程封闭等措施。Ⅰ标段排查并销项安全隐患9460条，Ⅱ标段排查并销项安全隐患9130条。

6. 落实常态化疫情防控要求

项目建设期间，严格要求各参建单位提高思想认识，成立疫情防控指挥部，制定防控预案、方案，落实相关单位责权划分，严格按照行政主管部门有关规定，通过疫情防控应急演练、信息化管理平台应用等相关措施，落实疫情防控常态化管理，达到了"零输入、零感染、零传播"要求。

此外，对现场进行封闭式管理，严格核查进场人员健康情况，提供48小时核酸检测结果、疫苗接种记录、行程码等资料，并进行一人一档建档以及实名制登记，落实"5个100%"（100%实名登记、100%核酸检测、100%疫苗接种、100%行程排查、100%"双报告"）。

5.3.2 多维度安全管控措施

1. 建设单位安全管理措施

1）组织保障机制

建设单位成立质量安全保障小组，组员和外请专家常驻现场，协助开展日常安全巡查及隐患督查督办工作，以及部分协调工作；建设单位安全保障小组和建设单位工程管理中心技术部共同成立安全巡查小组，依托于项目独立开展安全文明施工管理工作，统筹整合现场管理资源，推进安全生产工作。项目参建单位建立健全楼栋长安全责任机制，配备充足人员到岗履职，重点落实安全隐患排查整治及6S管理工作，确保现场隐患即查即改，动态清零，全面压降事故风险。同时，在建设单位派驻力量的监督和辅助巡查下，参建单位提升了问题解决与反馈工作的实效性。

2）闭环监督整改机制

从现场隐患整治效果来看，"楼栋长制"持续发挥出基础的监管功能，建设单位安全巡查小组联合监理、施工单位建立一日三巡机制，上午、下午和晚上均进行巡查监督，各方力量高效整合，现场静态安全隐患（物的不安全状态）基本能做到即查即改，当天100%整改到位；动态隐患（人的不安全行为）在24小时不间断的高压巡视监管下，能及时得到纠偏和制止，100%整改到位；巡查期间共发现并立行立改问题3311条。

3）独立巡查机制

建设单位组织第三方安全机构每周对两个标段开展一次独立的安全巡查工作，出具安全工作报告，从专业角度督促和纠正参建单位的现场管理行为与隐患整治工作。

2. EPC总承包单位和WPEC全过程监理单位的安全管理措施

1）常态化落实"六微机制"

（1）安全责任机制。由建设单位、监理单位、第三方监督管理单位和EPC总承包单位组成安全监督管理处，由总承包单位对现场分包单位进行综合协调，每周组织召开安全领导小组会议，通报本周安全生产情况，明确现场各楼栋安全生产主体责任人，实行楼栋安全管理制度，确保安全生产责任到楼层、落实到人。

（2）教育培训机制。根据现场生产进度，定期开展项目危险源辨识和评价工作，监督落实风险分析交底，提高项目全员对危险源的辨别管控能力。建立安全生产培训教育台账，编排每位专职安全管理人员培训计划，每日组织分包单位管理人员及施工人员开展安全教育会，各条线每周组织本条线参建单位开展周安全教育晨会，进行信息化管理，发掘现场安全隐患根源，强化个人安全意识，深入至各工区、各条线、各班组和每一位施工人员。

（3）隐患排查机制。一是落实项目领导班子带班检查机制，编制领导带班计划，每日组织一次全面排查。二是每日组织各参建单位安全负责人及安全员集合巡场，对每栋楼进行全方面安全巡查。三是每月编排计划，开展午间巡场，保障全天24小时安全监控巡查。四是定期编排专项检查计划，对各条线专业分包单位进行安全专项检查，加强各专业安全管理。

（4）专题学习机制。组织员工开展每日部门碰头会，以专题学习的方式对分部分项工程进行详细分析；项目管理人员下沉至参建单位生产一线，深入了解生产工作遇到的痛点难点，提前预判安全生产危险因素并制定管控措施；每个安全生产节点前组织学习研讨，提高全员安全意识，超前部署安全计划；安全生产专题学习应避免形式主义，采用分析讨论方式，组织员工开展案例分析，提升安全意识、安全知识及安全管理能力。

（5）技术管理支撑机制。抓好施工组织设计、专项技术方案的落地实施。首先，针对性地制定施工组织设计和专项施工方案；其次，履行好相关技术方案的论证审批制度；最后，落实作业指导书的编制和培训工作。

（6）落实奖惩机制。各参建单位统一制定安全生产现场评价考核标准，实行严管重罚，提升管理效能。一是评审各参建单位对制度的落实情况，奖罚分明，定期制定安全生产"红黑榜"，在领导小组会议上宣贯，并在公示牌处展示。由此提高各参建单位的安全荣誉感，形成"比学赶帮超"的良性竞争关系。二是要侧重过程奖惩，将安全管理能力和责任心强的参建单位管理人员评选为"安全守护者"，颁发安全奖励证书，号召全体参建人员学习；对于为安全生产提供帮助和提高周围人员安全意识的工友，颁发"安全行为之星"荣誉及奖金奖励，同时通过召开奖励大会、视频、奖励张贴榜等进行宣传，既可提升工人对遵守安全的幸福感、自豪感和成就感，也营造了"我要安全"的争先创优氛围。

2）实行两班工作制和夜晚巡场制

为确保项目按期完成建设任务，实行两班工作制。针对夜间施工安全风险增加等不利情况，建立每日安全夜巡工作机制，每晚9时由建设、监理、总承包单位共同对施工现场进行全面排查，并对夜班各时间段现场工作面、人工、材料和机械等作业情况进行监督。

3）开展全风险研判及分级

项目现场按不同施工阶段，动态识别安全风险因素，确定风险等级。如各施工阶段共研判项目安全风险63次并进行专题讨论，提前拟定安全风险防范和应对措施。

4）精细化开展6S管理

6S管理模式于20世纪50年代兴起于日本，包括整理（Seir）、整顿（Seiton）、清扫（Seiso）、清洁（Seiketsu）、素养（Shitsuke）和安全（Security），是指对生产现场中的工人、设备、材料、方法等生产要素进行有效的管理，针对企业每位工人的日常工作行为提出要求，倡导从小事做起，力求使每位工人都养成事事"讲究"的习惯，从而达到提高整体工作质量的目的。

针对现场作业面积广、施工人员多、道路交通繁忙、机具材料数量多、安全隐患分散不均等特点，项目充分利用6S管理规定，组建6S管理小组，确保现场文明施工，为安全管理提供有效支撑。

5）进场教育与安全技术交底

项目统一制定新入场工人进场流程，即进入施工现场前，在大门一站式服务中心统一接受三级安全教育后，领取劳保用品进入施工现场，确保所有进场工人100%完成进场安全教育。

通过每日岗前安全技术交底培训，对不同班组、不同工种单独组织安全晨会，按照风险辨识有针对性地进行相关岗位风险安全技术交底。

6）科技促安全的技术应用

（1）采用各类先进的电子仪器和装备

为积极响应科技促安全的政策，项目采用各类先进的电子仪器助力施工现场安全生产管理，如汽车起重机吊钩可视化装置、塔式起重机黑匣子、塔式起重机吊钩夜视激光垂直仪、曲臂车尾部防碰撞等，以及P4U高分子材料安全帽、防刺穿安全鞋垫等多种单兵装备，用以辅助安全管理工作，为施工现场安全管理提供技术支持，实现从定性的安全管理到定量的安全管理的提升。

（2）智慧工地系统

①实现全方位监控功能

智慧工地视频监控系统将布设在施工现场的枪机、球机、半球机、AP设备组建成单个或多个局域网络，可实现在手机端、PC端、大屏端随时随地查看现场监控画面。同时，在系统中接入箱体工厂、幕墙工厂生产线视频监控，实现全方位、无死角的监控，让项目现场的管理人员实时获取安全生产信息，真正实现安全监控全覆盖。

②实现"千里眼"管控功能

智慧工地视频监控系统后台嵌入AI智能识别技术，可自动识别现场工人未穿戴反光衣和未佩戴安全帽等不安全行为，方便管理人员快速、精准地对施工现场进行远程安全管理，提升管理效能。

③多方位监控消防隐患功能

智能系统通过AI技术和现场热成像监控，对现场的高温热源进行24小时不间断自动巡检，当高温热源温度超过指定值时及时发出警报，从而大幅度减小火灾风险，实现科技促安全。

④塔式起重机等智慧系统应用

可视化监控系统的安装与塔式起重机防碰撞等安全措施的应用提升了塔式起重机作

业的效率与安全程度，加快了现场施工进度。

（3）利用BIM系统促进安全管理

①采用BIM技术进行技术交底

基于BIM可视化平台，可直观地对每个施工步骤、工序之间逻辑关系、交叉作业情况等进行模拟展示，在降低技术人员、施工人员理解难度的同时，进一步确保技术交底的可实施性和施工安全性等。

②采用BIM技术提前做好安全策划

对需要进行安全防护的区域精确定位，事先编制相应的安全策划方案。提前根据项目重点、难点、施工安全需求点编制安全防护策划方案，基于BIM技术创建BIM安全防护模型，反映安全防护情况、优化安全防护措施、统计安全防护资源计划，做到安全策划精细化管理，以促使进度与安全更加有机地统一。

（4）采用VR安全培训设备

项目采用VR安全培训设备，模拟7大类安全事故类型，使工人"亲身经历"工程建设施工中的安全事故，以虚拟场景模拟、事故案例展示、安全技术要点操作讲解等直观方式，提高项目管理人员和建筑工人的安全意识和自我防范意识。

5.4 穿插并行，技术引领的进度管理新机制

5.4.1 进度管理机制

项目按照"质量一流、本质安全、确保工期、平战结合"的要求，各参建方坚持创新引领，优化工序，将进度计划颗粒度精确至小时，实施全过程动态监控和调整。建设过程中实施快速决策、资源快速集结、信息化管理等措施，其具体机制如下。

1. 政策保障，专班领导

本项目由26个部门组成项目建设专班。在专班成员的通力保障下，相关审批程序予以简化。项目于2021年8月16日极速集结工程建设资源，快速部署完成施工准备并开工。

2. 简化程序，快速发包

由于传统公开招标投标不能满足项目建设工期目标要求，因此本项目参照既有应急项目的发包模式，优化工程计价模式并采用择优竞争定标标准。2021年8月14日，邀请具有同类项目建设经验且取得成功业绩的大型骨干企业参与投标，8月16日采用择优竞争的方式选定EPC总承包单位，其他技术服务类单位采用建设单位预选招标子项目委托的方式完成委托。

3. 预先谋划，方案先行

项目从决策到落实用时短、效率高，通过采用"IPMT+EPC+WPEC"的建设组织模式，为项目整体的高效顺利实施埋下伏笔。

4. 模块化建筑，设计标准化

施工图设计阶段对方案设计作进一步深化细化，在项目工期条件约束下，优先选用高层钢结构和多层模块化建筑体系，45d全面完成方案深化和施工图设计。为确保设计和施工进度，对客房、宿舍等功能相同类型的空间采用标准化设计，各楼栋按照疫情防控要求，分类别后尽量采用相同平面布局；在设计时序安排上，先行完成基础和桩基施工图，同步完成钢构件、模块化箱体结构、整体卫浴等施工图设计，交付钢构件和箱体加工厂组织实施生产，实现有条件的"边设计、边施工"和"现场、工厂"两线并行。

5. 构件预制化，施工机械化

Ⅰ标段整体装配率达到94%以上，高层采用全钢框架结构，8d完成首批钢构件进场，25d完成55782t钢构件工厂加工；多层采用钢结构模块化建筑，28d完成首批模块箱体加工和现场吊装，60d完成2944套模块化建筑工厂加工制造；外立面采用单元式幕墙系统，实现60d完成幕墙44061片单元组件工厂生产的目标。Ⅱ标段整体装配率达到93%以上，高层采用全钢框架结构，10d完成首批钢构件进场，30d完成20500t钢构件工厂加工；多层采用钢结构模块化建筑，11d完成首批模块箱体加工和现场吊装，40d完成1656套模块化建筑工厂加工制造；外立面采用单元式幕墙系统，实现52d完成幕墙27363片单元组件工厂生产的目标。

污水处理、垃圾焚烧选用先进的一体化设施，30d完成加工制造；运用BIM正向设计技术，在装修、机电、机房等工序和部位全面深化排布、模拟相关构件的工厂预拼装，简化项目现场作业环境，提高安装和装配效率，实现主体、工厂、装修、安装的"四同步"。

现场施工采用机械化生产方式，减少人工操作，消减人员组织管理中影响项目推进的复杂因素。Ⅰ标段桩基施工阶段进场41台桩机全作业面施工，采用预制管桩最快12d完成高层建筑桩基；Ⅱ标段桩基施工阶段进场21台桩机全作业面施工，采用预制管桩8d完成高层建筑桩基，极大地提高了成桩效率，并同步完成基桩检测，减少施工间歇。

Ⅰ标段钢结构和模块箱体吊装阶段运用14台塔式起重机、320台吊车快速组装，49d完成钢结构拼装、72d完成模块化建筑组装；装修、安装阶段运用26台施工电梯保障材料和人员垂直运输；采用59台曲臂车、124台吊篮代替脚手架，31d完成幕墙安装。Ⅱ标段钢结构和模块箱体吊装阶段运用10台塔式起重机、33台吊车快速组装，45d完成钢结构拼装、60d完成模块化建筑组装；装修、安装阶段运用17台施工电梯保障材料和人员垂直运输；采用42台曲臂车、148台吊篮代替脚手架，38d完成幕墙安装。

6. 建设并联化，配套先行

项目总体按照两个地块并联组织实施建设，分别由两家EPC总承包单位组织设计、材料设备、工厂制造加工和现场施工等建设资源，以提高项目实施效率和抗风险能力。资源组织上，两家EPC总承包单位共组织多达57家加工厂、162家专业承包单位并联和有序搭接施工。工程组织上采用高层多层搭接和并行，空间上采用现场与工厂同步推进、楼层组织流水作业，时序上采用先室外后室内、市政先行、绿化跟进。

7. 积极对接运营专班

项目建设团队积极主动对接运营专班，每日下午5时召开运营专班管理会。在短短的半个月内，项目建设团队与运营专班形成了良好的工作氛围及高效的对接状态。对于运营专班和卫生健康委员会提出的新增需求，项目组快速、准确研判，对于必要的需求迅速做出部署，安排EPC总承包单位快速组织实施，并由监理单位每日督促，反馈进展。

8. 积极对接项目使用单位

项目建设团队与运营单位之间建立了迅捷的联系渠道和对接组织架构，及时研究、反馈运营单位新增的后勤保障需求。在多层区封顶后，运营单位工程线相关工程人员进场检验。建设单位组织EPC总承包单位、WPEC全过程监理单位积极配合，每日晚7时，与运营单位、EPC总承包单位、WPEC全过程监理单位共同召开每日碰头会，研究对接和查验中出现的问题，对于查验出的质量问题即查即改，做到当日解决不过夜。

9. 积极协调相关单位

针对项目建设过程中遇到的各类问题，如道路、场地、管线、检测等方面，建设单位积极与住建部门、周边项目权属单位和施工单位等密切协调，确保项目稳步推进。

5.4.2 多角度进度管控措施

1. EPC总承包单位资源及时调度

两标段以各自研发的箱体模块化技术和高层钢结构装配式体系为蓝本，采用BIM辅助设计技术、DFMA技术、DFMA-模块化机电装配技术等对结构、机电、幕墙、装修等各个专业进行伴随式设计，同步开展三维模型LOD400精度级深化，通过信息化模型连接项目建设的各类资源，打通工厂生产和现场建造，提高生产效率和工程质量。

以合约划分为指导，联动摸排EPC总承包单位资源库并结合建设单位品牌库，优中选优快速完成供应商资源锁定。如Ⅱ标段，依托集团供应链集采平台，快速完成300余家设备材料、专业分包等分供商的确定；下属公司推掉其他全部订单，9个工厂、5个厂区，573个管理人员，4553个工人，全部产能用于本项目；集团旗下幕墙公司承担了全部幕墙的设计、生产、安装任务，自有员工投入1200人，高峰期现场劳务工人达600人，合力为项目战略物资的生产提供保障。

EPC总承包单位设计团队和WPEC全过程监理单位设计管理团队全员全勤进驻工厂生产线和项目现场，第一时间为现场解决设计与施工技术问题，24小时不间断提供技术咨询服务，从源头保障设计品质与设计进展，保障项目整体进度。项目实施"平行施工、饱和打击"，保障进度所需各项资源。

2. 应急合理授权，项目闭合流程

EPC总承包单位的公司、大区、城市公司、项目部各层级共同开会确认项目授权模式，赋予项目组定标决策权，由项目内部评审闭合流程即可，保障决策及时高效。

3. 发挥集采优势，实现跑步进场

合约划分引路，资源储备前置。如Ⅰ标段，EPC总承包单位中标第二天即完成一家临建箱房单位、两家临水临电单位、四家混凝土单位、两家钢筋单位、三家塔式起重机、三家施工电梯定标并组织进场作业，保证了项目7d完成现场临建初步建设，具备进场办公条件，实现真正意义上的"跑步进场"。

4. 新型建造体系

为达到快速建设的目标，尽可能地提高装配率是必然也是唯一的选择。本项目多层和高层建筑均为极高装配率的建筑体系，集成了箱式模块化体系、装配式钢结构体系、免支模楼板体系、免砌筑隔墙体系、装配式装修体系、集成式卫浴体系以及机电预制装配体系等新型建造支撑体系，为项目的如期完工奠定基础。

（1）箱式模块化体系（用于多层建筑）。加工时将钢结构箱体框架、机电管线、内装与外饰、卫浴系统、部分家具电器在工厂内全部集成至成品箱内。成品箱运输至现场后进行整体搭建，现场只需吊装、处理模块拼接处的管线接驳及收边收口等少量工作，大量减少现场作业，缓解高峰期资源需求和作业面冲突。因大部分现场工作前移至工厂生产，整体建造效率及品质相比传统建筑得到很大提升。箱式模块化体系具有工业化生产、快速建造、绿色建造、智慧建造的优势。

（2）装配式钢结构体系（用于高层建筑）。钢柱钢梁采用工厂预制加工、现场吊装的方式进行施工。柱节点采用焊接节点，梁节点采用栓接节点，梁柱节点采用栓焊节点；对于3层以下钢柱，在柱内灌混凝土，焊缝按照规范要求进行探伤检测。根据当地住建部门加强建设工程混凝土质量管理的要求，混凝土主体结构施工周期原则上不得少于6d/层，少于等于5d/层的需经专家论证同意，严禁少于4d/层。得益于钢结构自身强度及结构稳定性，采用装配式钢结构体系，结构主体能连续施工，相对于混凝土结构而言施工周期大大加快，保证了本工程极限工期得以实现。

（3）免支模楼板体系。本项目采用钢筋桁架楼承板现浇楼板体系。钢筋桁架楼承板是以钢筋为上弦、下弦及腹杆，通过电阻电焊连接而形成钢筋桁架，再与镀锌底板通过电阻电焊连接成整体的组合承重板。因其自带钢筋桁架，一定跨距内可以承受混凝土浇筑施工荷载，免去支模工作，可大量减少现场钢筋绑扎工作量，避免现场进行楼板模板支设。通过深化排版配模，工厂化加工生产，现场多层铺设楼板，楼板分层浇筑，大大加快了现场楼板施工进度。

（4）免砌筑隔墙体系。内隔墙采用轻钢龙骨隔墙体系，龙骨进行集中化加工，基层墙板定型化裁切，现场成片装配化施工，提高了项目施工进展；机电管线铺设于吊顶、隔墙内，便于后期进行功能改造。外围护采用单元式幕墙，现场整片吊装，无须支设外操作架，减少现场措施投入。

（5）装配式装修体系。本项目大面积采用装配式装修体系，地面采用SPC石塑地板，墙面采用竹木纤维板，吊顶顶棚采用铝扣板。装修材料均在工厂完成加工制作，配套发运至现场，全程干法装配式作业，现场流水化施工。现场施工条件及环境均优于传统湿作业装修，因装配式装修材料均为绿色环保无污染材料，装修完成后的室内空气环境检测优于传统装修方式，确保人员能快速入住。

（6）集成式卫浴体系。集成式卫浴体系由底板、墙板、顶棚、配套洁具及五金构成。集成式卫浴底板具有良好的闭水性，在工厂出厂前及现场组装后100%进行蓄水试验，确保滴水不漏；墙板可转印各种纹路，色彩丰富，质感良好。集成式卫浴安装效率高，即装即用。

（7）机电预制装配体系。将每个标准房间视为一个模块，在设计阶段将各专业管道、桥架分解成4~5个标准节，每个标准节作为流水线生产组装的成品进行批量生产，工厂分拣打包后运输至房间内，现场按照拼装图纸进行装配式安装施工。

新型装配式建造体系如图5.4-1所示。

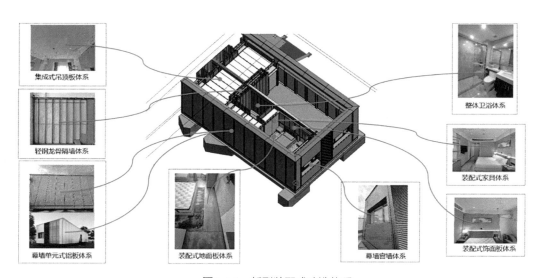

图5.4-1　新型装配式建造体系

5. 场地平面精细化布局

为保障项目在4个月的极限工期内成功完成，科学合理的平面布置是关键（图5.4-2）。以Ⅰ标段为例，现场道路难以满足施工需要，需要协调相关部门打通周边尚未竣工交付的主干道，并在南侧协调相关部门增开大门形成通路。

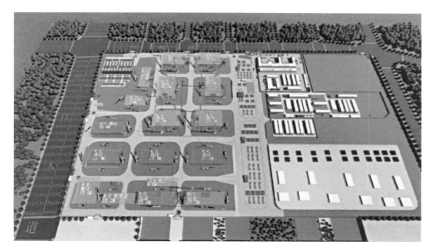

图5.4-2　施工场地平整BIM模拟

根据施工进展，考虑到各专业紧密穿插关系，将平面规划细分为桩基施工阶段、土方开挖阶段、承台底板施工阶段、主体钢结构及模块化施工阶段、幕墙单元板块施工阶段、机电装修市政总图施工阶段共6个阶段，进行各具针对性的场地平面精细部署。现场按照办公及生活区、材料堆场及装配车间区、施工作业区进行划分，每个分区设置围挡进行物理隔离。现场开设5个进出口保证高峰期人员与车辆通行顺畅。材料堆场及装配车间设置在施工现场的东侧及西北角。楼栋周边设置材料临时堆场，在主体结构施工时堆放钢结构材料，幕墙板块施工时转为幕墙材料临时堆放场地。通过BIM对不同工况的场地布置进行模拟分析，优化平面道路、原材料及构件堆场位置、塔式起重机及施工电梯等垂直运输最优位置以及数量，通过可视化的展示与沟通，确保现场平面高效运转。

6. 工序紧密穿插

现场施工遵循"时间不间断、空间全覆盖、资源满负荷、人停机不停"的原则进行施工部署。总平面上设计规划多个工区，工区内各楼栋同步施工不流水，楼栋单体立面上各专业紧密穿插，平面装修、机电工序流水作业。

以Ⅰ标段为例，总平面划分为三个独立的工区，每个工区内均有3～4栋酒店、宿舍，以及配套的配电房与附属功能房。在满足总体统筹安排的要求下，三个分区独立配置管理团队，进行同步无流水施工作业。工区内的楼栋在满足工区总统筹安排的要求下，每栋独立配置作业班组、专业单位、机械设备，进行同步无流水施工作业。

立面上按照钢框架领先楼承板3层，楼承板领先混凝土浇筑3层，混凝土浇筑领先防火涂料2层，防火涂料领先机电、装修1层，消防楼梯跟随板面同步浇筑的流水穿插工序进行全专业施工。楼栋平面内梳理二次机电、轻钢龙骨、岩棉、基层板、竹木纤维板、卫生间等工序进行交叉流水施工。基于BIM模型进行施工模拟，形成钢结构吊装、箱体安装、箱体装饰、高层装饰施工模拟动画，优化并验证方案可行性。以高精度、带构造节点的装饰模型为基础，制作装饰工序模拟视频，优化各专业穿插施工工序，确保现场统一作业面时，各专业施工不出现交叉冲突作业的现象，保证极限工期下完成高标准建设任务。如图5.4-3所示。

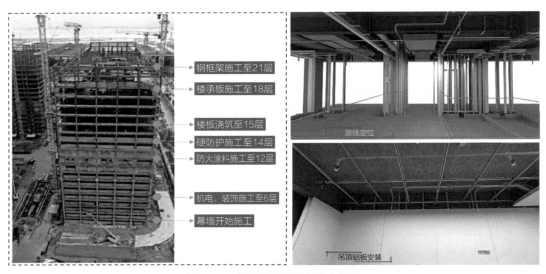

图5.4-3　立面穿插及房间工序模拟

7. 交通科学调度

（1）工厂至现场调度。对交通资源进行整合与协调，保证精准的构件进场时间及充足的物资调配，是项目顺利履约的保障。为做好物资进场的统筹协调，Ⅰ标段在距现场约2km处租赁了约3.4万m²的硬化场地作为临时堆场，用于钢结构、模块化箱体的临时周转场地，并采用智慧平台整体调度、GPS车辆定位全程跟踪、临时堆场场外验收，现场按需点到点配送的形式进行材料调度。

Ⅱ标段面对的交通问题更为棘手，地块所在地背山面海，地形复杂，场地狭窄，主要通道在进场后因其他在建项目影响变成断头路，交通极其不便。同时，项目周边环境复杂，配套薄弱，主干道均未交付交管部门，前期大量私家车违停，给项目正常进展造成严重影响。针对地块交通难点，聘请长江学者专业团队专门针对本项目开发了交通流量测算软件。根据测算分析和现场实际情况，制定"工厂—高速公路—现场卸货点"

三级交通调度计划，提前进行车辆信息采集，制定运输调度的时空布局与流线，并在调度分流节点发放入场卡片及定位设备，通过C-smart智慧工地系统、定位设备、无人机等科技手段实现精准实时调度，破解了交通环境复杂的难题。

（2）现场内部调度。项目部成立道路疏导队，实行两班24小时工作制。现场道路按单向环线行驶设置，各门岗、各路口安排专人把守管理，保证进入现场车辆有序通行。紧急物资由专人接车，贴边卸车，卸完即走，保证道路行驶畅通。

8. 强化计划管控

在设计出图阶段，根据总控节点计划，制定阶段性的设计进度计划和设计作业计划。设计审时度势，预判本项目与常规项目存在的显著差异，采用分阶段实施计划，充分发挥EPC项目优势，实现有条件的"边设计、边施工"，让设计与施工充分搭接。各阶段施工前，由项目设计负责人主持召开项目设计开工会，发布本阶段设计计划，说明阶段性任务的范围、内容、目标、实施原则、设计工作具体人员安排及其他事项，本阶段启动后每日进行过程任务考核。

在制作加工阶段，项目部通过统筹各加工厂，制定了集材料采购、工厂制造、现场安装为一体的制安一体化计划，通过一体化计划管理系统，严格考核节点对各方的约束；建立"前期控制造、中期控安装、后期控收尾"的三阶段钢结构装配式安装管控体系；通过每日红旗手通报来对各参建单位进行激励，形成"比学赶帮超"的抢工氛围。

在现场建造阶段，根据总控计划制定里程碑节点目标，项目实行片区责任制和楼栋长负责制。为了更直观、更方便地管理现场进度，项目部还编制了"装修可视化进度表""电梯可视化进度表""机电可视化进度表""市政工程进度计划图"等一系列可视化专题图表，清晰地反映项目进展情况，便于进行作业人员及施工资源的统筹协调。

5.5 宣贯落实，平战结合的防疫管理新机制

5.5.1 防疫管理机制

参建单位深入贯彻各级主管部门及建设单位有关疫情防控的相关规定，切实提高政治站位，持续做好项目人员疫情防控常态化工作，全力打赢疫情防控硬仗。由建设单位牵头成立疫情防控指挥部，成员包括施工、监理等单位，各单位的项目负责人对疫情防控、生活保障、治安保卫、对外联系等实施具体管理。疫情防控指挥部制定疫情防控工作方案以及应急处置预案，明确人员实名制管理，并明确工程现场日常健康检查及防疫

消杀等工作的具体分工和责任人。

1. 防疫机制"5个100%"

配合采用鹰眼摄像头无死角监控、大数据云端排查等科技防疫技术，严防死守，全力做好"5个100%"（100%实名登记、100%核酸检测、100%疫苗接种、100%行程排查、100%"双报告"）。

根据项目工期和劳动力计划分期分批组织参建人员办理入场，建立实名制防疫系统，为各单位专门订制单位二维码；在家进行核酸检测，线上扫码进行实名登记、录入行程码和健康码、人脸识别，完成前置准备工作。参建人员进场报到时需在红线范围外的一站式疫情防控服务中心完成健康码、行程码、48小时核酸检测证明（"两码一检"）及疫苗接种结果的登记后，方可办理安全教育、住宿分配等进场手续，实现关口前移。其中运用的实名制防疫系统可在线审核进场人员"两码一检"，审核后即可线上完成一人一档归档。同时，通过分析行程码，运用大数据统计进场人员来源区域分布，结合最新发布的中高风险地区、本土疫情发生市域，对涉及风险区域的人员进行排除和风险研判。

2. 严把防疫六道关口

从严把牢入口、教育、通行、现场、住宿、就餐六关，分区分级，严控单元规模、行程轨迹，专人专区负责。

1）严把"入口关"

量身定制人脸/车牌识别、测温、在线查验和预警实名制防疫闸机，各标段的高峰期进出闸机的人员数量均高达13000余人次。要求安保、物业等高频次接触人流的易感岗位人员必须完成全程疫苗接种，加强针应接尽接，三天一次核酸检测，循环进行。为易感岗位储备专用N95口罩、护目镜、手套、便携式酒精等消杀用品，随时消耗随时补充，配备防护服应急使用。

主动对接社区，融入"三位一体"管理，及时获取当地疫情防控最新通知并实施"市外疫情防控圈层"等措施，落实"四个一"健康管理措施（即发放一份健康告知书，开展一次健康问询，查验一次健康码，开展一次核酸检测）。所有人员进场必须持有48小时内核酸检测阴性证明，并对已入场参建人员每7天进行一次核酸检测，循环进行。为每位完成核酸检测的人员分发帽贴，第一次完成核酸检测人员帽贴为红色，代表新进场人员；第二次完成核酸检测人员帽贴为橙色，代表已进场一周；第三次完成核酸检测人员帽贴为绿色，代表已进场14天。通过核酸检测全覆盖，落实"四早"要求（早发现、早报告、早隔离、早治疗），做好风险排查和监测工作。

2）严把"教育关"

将防疫交底与三级教育相结合，对全员进行防疫进场教育培训和交底，通过定期疫情防控专题会、每日安全晨会、项目广播系统、醒目标语等途径动态发布疫情最新消息，学习防护知识，倡导讲卫生、除陋习，落实个人防疫主体责任。

3）严把"通行关"

一是外宿工友通行车配置实名制防疫人脸识别设备，刷脸上车完成登记，严格把关车辆消杀清洁及车辆轨迹记录，做好上下班及出行的防疫防护。二是对来访车辆严格实施事前报批制度，将"两码一检"提前发送至对接人员，入场需由对接人接送进入。三是针对全国各地发运的工程车辆，在1km外设置交通检测点，通过线上提前12小时申报车辆入场，规划其出入口、行程路线及停放地点，其中如涉及风险区域，则贴上封条禁止驾驶员下车，降低感染风险，做到驾驶员和活动轨迹"双控"。

4）严把"现场关"

施工区将无功能地下室、管廊、封闭建筑、坑口井（洞）等封闭空间和狭小空间列为防疫红区，风险相对较高；将半封闭主体结构、大空间结构、深基坑等半封闭区域列为防疫橙区；将全室外露天作业，通风良好区域列为防疫绿区。根据工程需求分为一、二、三工区，进行网格化固定区域管理。通过安全围挡分隔施工区域，减少相互交叉。劳务单位进场分期分批有序化报备，并按施工工序、劳务单位专业、岗位工种的特点尽量控制在同一工区作业，避免串岗，做到施工区域和活动轨迹"双控"，由施工区防疫专员负责施工现场专区管理，设卡排查"两码一检"，督促佩戴口罩，落实项目封闭式管理要求。

办公场所根据空间封闭情况及人员密集程度不同也划分红、橙、绿三区管理。会议室、食堂、多人办公室、门岗等防疫风险相对偏高，划为红区管理，每次使用后立即消杀；独立办公室、走廊和门厅等半通风区域划为橙区管理，每天一次消杀；室外露台、亭子、广场等露天通风场所划为绿区管理，定期清洁。要求全体参建人员坚守工作岗位，严禁工作时间串岗或扎堆抽烟聊天，通过微信或视频沟通的方式办公，减少密切接触人员，做好人员出入登记，并由防疫专员负责办公区专区管理，做好卫生防疫工作。

5）严把"住宿关"

将宿舍分为红、橙、绿三区进行管理，并在宿舍外墙上设醒目标识提示。红区为临时应急处置隔离区，防疫风险相对较高，每次使用后立即全面消杀；橙区为返岗人员观察区，风险相对偏中等，主要对周边环境进行消杀；绿区为留守人员和结束观察人员居住区，风险相对较低，重点做好环境卫生清洁及重点部位消杀。以宿舍楼栋为基本单元划区块管理，设立楼栋长，配合做好实名登记、行程排查等工作；各区块分开设置出入口、食堂、淋浴间、卫生间等公共配套设施，同时采用围挡对区块进行隔断，做到"易切断、可溯源"，设置防疫专员负责生活区专区管理。督促物业管理单位对触控面板、走廊、出入口及把手、设备按键等触摸表面进行清洁，每日使用含氯消毒液或75%酒精对表面擦拭消毒。人员入住、退宿均要记录在案，保存时间不少于3个月，确保可追溯。对宿舍房间内部、周边（住宿区、出入通路、卫生间、洗漱间、洗晾衣场所、公共卫生间）及人体接触部位用含氯或其他可用于表面消毒的消毒剂喷洒或擦拭消毒，设置专用口罩回收垃圾桶、回收站，加大废弃物收集容器清运、放置区消毒的作业频次，每次作业完成后，用水全面冲洗1次。

6）严把"就餐关"

聘用多家大型餐饮供应商；项目现场工作人员按要求分批就餐、分餐进食，坚持佩戴口罩打餐，保持用餐隔离。定期对食品安全、冷链食品、食堂工作人员、厨房出餐等关键环节进行重点监控。保持空气流动，每天通风不少于8小时。食堂作业人员需持有食品安全员证和健康证上岗，且每3天进行一次核酸检测。禁止采用境外冷链食品，固定负责食堂食材处置、运送和摆放维护的特岗人员，以及负责清洁、垃圾清运和处置的特岗人员。特岗人员上岗时必须佩戴防护口罩，处置、搬运冷链食材时，必须佩戴手套，并对冷链食品建立台账，确保食材可追溯。每天两次常态化全面消杀，如发生市内感染风险，还应增加对配送食材等车辆的消毒。

3. 监督检查，公开考核

安全风险管控措施、设施环境检查、人员培训教育同步进行。按照关键场所、关键岗位、重点环节细化疫情防控措施检查清单，建立健全疫情防控监督评比机制。时刻保持战时状态，EPC总承包单位每天进行"定期、定点"的突击检查、监督，对所辖单位进行考核排名，划分优秀标杆和黑名单。对有担当有作为的个人做正面典型宣传，对有负面行为的个人进行警示教育。每周五在专题会上通报疫情防控红黑榜。红榜现场奖励口罩，黑榜上台接受批评教育，把疫情防控工作各项要求和举措落实到参建方、劳务班组等单位。

4. 严肃执纪问责，强化责任担当

由党建工作组开展执纪问责，形成有力震慑。严肃查处在疫情防控中违反工作规定、瞒报、谎报、漏报、迟报、错报疫情信息，以及以任何形式、任何借口干扰疫情防控工作的行为。

5.5.2 多点位防疫管控措施

1. 三区两控的现场管控体系

项目充分学习吸收建设单位在疫情防控方面总结出的"三区两控一专"的防控思路，结合项目现场实际环境，落实人员防疫分区管控和专人专区管理。

1）工人生活区分区管理

根据工人防疫风险程度，将工人生活区分为红、橙、绿三区进行管理，同时对单元规模和活动轨迹进行"两控"。

2）施工现场分区管理

项目现场根据空间封闭程度分为红、橙、绿防疫区，同时进行"两控"。项目采用网格化方式对施工区域进行管理；对工人按班组采用派工单方式，进行网格化固定区域管理。通过分隔施工区域、减少相互交叉并严格限制串岗，做到施工区域和活动轨迹"两控"。

2. 灵敏快捷的疫情研判体系

1）设立疫情信息专员，掌握一手信息

为快速获取疫情最新信息，专门设立疫情信息专员，监测国内外疫情动态，并第一时间将最新疫情信息通过微信群传达至全体管理人员及分包单位，将疫情动态作为制定与落实项目疫情政策及要求的参考依据。

2）建立联防联控机制，研判疫情走向

为第一时间获取当地最新疫情防控政策，项目组与项目所属街道、社区防疫部门建立联系，每天第一时间获取最新国内中高风险地区信息，以及属地最新疫情防控政策及要求，第一时间落实属地政策，制定项目防疫政策及要求，并在属地管控的基础上进行合理加码，减少疫情输入风险。

3. 平战结合的工作运行体系

1）封闭式管理，24小时值守

为了确保项目"外防输入"，工地办公区、施工现场区、生活区只保留一个人员出入口，并且在每个出入口配备安保人员和管理人员值守，要求所有进入现场的工作人员必须进行实名制登记才能进入，所有新进场人员必须持有48小时核酸检测阴性证明，严禁无关人员进入工地。

2）建立一站式入职服务中心，严格新进场排查

为了最大限度地确保新进场人员无疫情风险，项目整合防疫、劳资、安全等职能设立一站式入职服务中心，确保所有新进场人员均持有48小时内核酸检测阴性报告、14日内无中高风险地区所在市旅居史及完成全程疫苗接种。同时，对所有新进场人员建立专属健康档案以及实名制登记，确保进场人员健康信息可追溯。所有进场人员中无确诊病例，无密切接触者。入职服务中心根据项目进度和人员进场需求配备相应的入职办理人员，24小时不间断对新进场人员进行排查并办理入职业务。在确保疫情防控的同时，为项目顺利推进提供了保障条件，"外防输入"的工作成果卓著。

3）健康监测

为确保在场人员的健康状况，项目定期实施健康监测，首先要求所有人每日进行两次体温监测，如有体温异常或者存在呼吸急促、咳嗽等新冠肺炎相似症状必须上报项目

防疫部，并立即转移至应急隔离场所，安排核酸检测并及时送医处理。

项目严格执行"七天一检"的核酸检测安排，做到早发现、早报告、早隔离、早治疗，严守安全防线。

同时，项目针对保安、保洁、厨师、配菜、轿厢司机等特岗人员实行风险监测预警措施，每天两次体温监测，同时严格落实"三天一检"，确保特岗人员的健康情况可控。

4）高频次消毒消杀，降低传播风险

消杀作为切断传染病传播途径的有效措施，在疫情防控中发挥了重要作用。项目每天对办公区、生活区进行两次日常消毒，每周对办公区、生活区、施工现场进行全面专业消杀，避免病毒滋生，降低传播风险。

4. 闭环管理的责任落实体系

1）建立三级管控机制

为进一步强化管理人员及分包单位疫情防控意识，全面贯彻落实项目各项疫情防控政策，项目建立指挥部防疫—战区防疫—分包防疫三级防疫管控体系，责任下沉，要求项目各战区及下属分包单位必须配备至少1名防疫专员，落实新进场人员排查、七天一检、健康监测、口罩佩戴、疫情防疫政策宣贯等各项防疫政策，指挥部防疫会根据战区防疫以及分包单位防疫落实情况进行监督考核，考核成绩计入战区排名，同时对疫情防控落实不到位的分包单位进行罚款。

三级管控机制有效提升了战区及分包单位的疫情防控意识以及疫情防控落实效果，特别是口罩佩戴、七天一检、新进场人员排查等各项指标均有大幅提升，平均分数达95分以上。

2）建立现场巡查机制

为实现项目疫情防控闭环管理，项目专门设立现场巡查小组，在白天、夜间分别对施工现场及进出口进行巡查，对存在问题追根究底，查漏补缺，并对巡查结果进行反馈处理，责任落实到管理人员、战区及分包单位，确保疫情防控全链条闭环管理。

5. 及时有效的信息发布体系

为了全面贯彻落实疫情防控政策及要求，项目探索出一套行之有效的信息发布体系，逐渐形成了"疫情防控人人有责"的防疫氛围，强化疫情防控意识。

一是通过线上疫情防控管理人员群、防疫对接人群、分包防疫群等各种微信群，第一时间发布疫情信息、疫情防控政策及要求，确保疫情防控信息第一时间传达至项目全员。

二是从视觉、听觉等多方面提升全员防疫意识，通过防疫宣传栏、海报横幅、广播台、防疫喇叭等，对疫情动态、防控要求及政策、个人防护等进行"地毯式"覆盖宣传，同时组织宣贯会，确保第一时间宣贯落实最新防疫政策。

6. 科学完备的工作保障体系

1）常设核酸检测点，确保"七天一检"落实

根据项目实际开工情况，现场设置2个核酸检测点，为项目全体人员提供核酸检测服务，确保满足项目全体人员检测需求。

2）常设应急隔离室，防止风险扩散

为了能对异常情况进行紧急处理，项目分别在施工现场及生活区设置应急隔离室，确保及时对体温异常、健康码异常、核酸检测结果异常、行程异常的人员进行应急处置，避免防疫风险进一步扩散。

3）定期采购防疫物资，确保物资应急供应

本着"预防为主"的原则，为了确保项目全员个人防护到位，项目定期对防疫物资进行盘点及采购，持续保持项目防疫物资供应。累计采购各类防疫物资达百万余件，包括口罩、防护服、酒精湿巾、酒精喷雾、免洗洗手液、84消毒液、口罩专用垃圾桶等，切实保障项目全周期建设的防疫物资应急储备。

7. 快速反应的应急处置体系

为应对外部复杂的疫情形势，项目始终秉持着迅速响应的原则，建立了符合项目实际情况的突发事件应急处置体系，持续提高反应速度及处置效率，确保在最短时间内对潜在风险加以控制，最大限度降低疫情对项目建设的影响。

"闪进闪出"的项目用工人员，使防疫风险排查面临巨大挑战。为迅速排查潜在风险，一是项目与社区保持联动，实现信息对接，第一时间获取存在行程轨迹重叠或中高风险途径史的人员信息；二是制作一人一档小程序，集成进场人员健康信息，实现一键行程排查；三是发动战区防疫专员以及分包防疫专员，进行全员行程排查；四是通过外出行程报备记录锁定有相关风险地区旅居史人员，多渠道进行项目全覆盖风险排查，做到发现快、响应快、决策快、处置快，确保应急响应和处置措施跑在病毒蔓延扩散之前。

5.6 极速发包，依法合规的发包管理新机制

发包管理机制是一种规范化和标准化创建、组织和管理外包关系的框架，涉及企业与供应商之间的协商、合同签署、项目管理和质量控制等方面，旨在提高外包合作的效率和质量并减少法律和经济风险。发包管理机制可在全球、区域和项目级别实施。

1. 发包管理机制的作用

（1）提高成果质量。采用发包管理机制有助于确保外包项目在时间和质量上得到满

足。通过合理的采购方式和管理流程，保证了区别于传统的内部管理模式的专门化和优化谈判、客观化和统一化要求。

（2）降低成本并提高效率。通过管理外包过程、合作伙伴和供应商的竞争拍卖和评价机制，企业可有效地控制预算，并最大化价值。

（3）降低法律风险。有效的合同和协议是外包管理办法的重要组成部分，可使双方的权利、义务和责任得到明确规定，降低了出现纠纷和风险的可能性。

2. 发包管理机制应包含的内容

随着外包合作的日益普及，发包管理机制也在不断地完善和更新。根据市场和企业的要求，发包管理机制应该包括以下基本要素。

（1）采购策略和流程。企业应该有一个完整的采购策略和流程，建立于商业和法律原则之上。

（2）广告和招标程序。广告和招标程序应满足法律要求，确保所有招标人都有同等的机会。

（3）信息准备和管理。企业在寻求合适的外包伙伴时，应更加重视供应商的背景信息和评价体系。

（4）合同管理。合同是外包管理中最重要的文件之一。应确保合同具有明确的约束力，明确所有的商业、财务、法律和技术细节。

（5）质量管理。在外包合作中打造优质的服务是企业核心价值之一。因此，企业应采用标准化方法、评估和指标体系，以获得高品质服务。

（6）风险管理。在外包过程中，不可避免地会有一些风险，发包管理机制应包括评估风险、管理风险和防范风险的步骤。

（7）项目和合作伙伴管理。外包合作是一个复杂的过程，涉及的合作伙伴和人员比较多，因此，企业需要实施整合管理，确保合作方按照规定进行和顺利完成。

3. 发包管理机制的实施

实施发包管理机制是一个漫长的过程，需要全面的思考和计划。为了实施成功，建议从以下几个方面入手。

（1）建立一支有效的团队。实施发包管理机制需要组建一支跨职能的团队，包括采购专业人员、法律顾问、供应链管理人员等，同时要确保他们具有足够的专业知识和技能。

（2）正确识别目标。实施发包管理机制需要明确目标和期望效果，确保所有行动都与企业战略和发展方向相符合。例如，确定采购目标、合作伙伴和项目类型等。

（3）建立标准化的程序和流程。实施发包管理机制需要建立一套标准化的流程和程序。这些流程和程序应明确定义采购、招标、评估和合同管理的步骤和要求。

（4）关注细节。在发包项目中，很多问题都源于细节上的疏忽或未能及时考虑所有方面。管理外包合作的流程和规定通常非常复杂，因此有时需要借助专业知识和专业工具。

4. 结论

外包合作可以提高效率、降低成本并扩大业务范围，然而也有许多风险和挑战需要克服，如管理、技术、合规性和质量等方面。发包管理机制是规范和管理外包合作的重要工具。它结合公司和市场要求，建立了一个标准化的框架，可确保各方的利益得到最大化。有了好的发包管理机制，可以更好地管理外包合作风险，并获得更好的效果。

5.7 快速结算，加快推进过程结算动态结算

1. 加强调度，加快推进结算

项目分别于2021年12月10日、23日竣工验收后，商务保障组随即召开结算启动会。承包单位从2021年12月13日起开始分阶段、分专业报送结算文件，监理和造价咨询累计投入70余名专业人员同步审核。

2. 充分沟通，稳步推进评审

2022年3月25日，报送桩基工程、污水处理站集装箱式一体化设备等5项分项结算，6月1日取得该结算评审报告，最高核减0.88%，凸显过程商务控制工作成效。

3. 遵循实事，稳妥解决争议

2022年5月30日，造价咨询完成结算初审并提交结算征求意见稿（核对清单共计29787条，询价材料设备数量2935项），收到承包人提出106项争议；商务工作组通过征询和追溯现场记录，组织经济组评审和咨询造价管理站，并进行了充分的市场调研，积极、稳妥地组织承包人处理结算争议。

4. 寻求支持，附带争议评审

鉴于本项目按照抢险救灾工程组织建设，其计价结算模式特殊且极易存在结算分歧的客观事实，对于部分争议随同结算一并提交评审，并以此作为最终结算依据。

第 **3** 篇

科技赋能

第6章
快速建造

6.1 快速设计——前瞻性DFMA设计技术

6.1.1 模块化结构设计

对于平急两用酒店项目而言，要想通过技术创新、变革传统建造方式来满足快速建造的需求，就必须抓好设计环节，从设计源头入手，形成从设计、制造到施工的建造全链条技术最优组合。本项目采用的基于DFMA（Design for Manufacture and Assembly）的模块化设计则是解决这一需求的关键。

模块化设计（Modular Design）是指在对一定范围内的不同功能或相同功能不同性能、不同规格的产品进行功能分析的基础上，划分并设计出一系列功能模块，再通过模块间的选择和组合构成不同的产品，以满足不同需求的设计方法。与传统设计方式相比，模块化设计具有标准化、高效化和优质化的优势。DFMA是一种在考虑产品功能、外观和可靠性等前提下，通过提高产品可制造性和可装配性来降低成本、缩短工期和提高质量的产品设计方法。DFMA方法实现了设计、制造和组装三阶段的纵向拉通，有效实现了"建造+制造"的最优集成，是指导新型建筑工业化的关键理念之一，而模块化设计则是DFMA方法的极致应用。

对于本项目，设计环节的核心工作是功能分区和防疫隔离酒店管理流程设计。项目应用模块化设计方法，基于功能分区，将酒店分为若干个功能模块，分别进行尺度研究、结构设计及排列组合，从而形成建筑形体。通过结合DFMA理念和模块化设计方法，将建筑物的结构、内装与外饰、机电、给水排水与暖通等90%以上的元素在工厂自动化制造和系统化集成，现场只需完成吊装、处理模块拼接处的管线接驳及装饰等少量工作，大大减少了现场作业，缓解了高峰期资源需求和作业面冲突，成就了目前建造速度最快、工业化程度最高、集成化程度最高、废弃物排放最少的建造技术。

两家EPC总承包单位在模块化建筑方面均有各自集团自行研发的体系。Ⅰ标段EPC单位为ME-house体系；Ⅱ标段EPC单位为MiC体系。尤其值得关注的是，本项目将模块化钢结构集成建筑大范围应用于多层建筑，突破了常规仅用于2~3层的应用局限，是全国首个达到7层模块化钢结构的案例。

1. ME-house体系模块化结构设计

Ⅰ标段项目多层建筑为叠箱–钢框架结构体系，客房区域采用箱体模块化拼装方式进行建造，交通核区域采用钢框架结构拼装建造（图6.1-1）。结构设计使用年限为50年，抗震设防烈度为7度，设计地震分组为第一组，场地类别为Ⅲ类，模块钢框架抗震等级为四级，模块化建筑的设计和验收参照《箱式钢结构集成模块建筑技术规程》T/CECS 641—2019执行。其中，模块与模块、模块与核心筒之间的连接件按杆单元简化，以传递水平剪力和拉压力；模块钢柱下端按铰接计算。结构整体计算时按照分块刚性楼板和分块弹性楼板分别计算，其中层间位移控制按刚性，其余参数控制按弹性。

结构计算采用空间结构模型，采用强节点、强连接设计，防止发生脆性破坏，多层箱式模块化结构采用高强度螺栓连接节点（图6.1-2）。作为结构关键传力构件，节点设

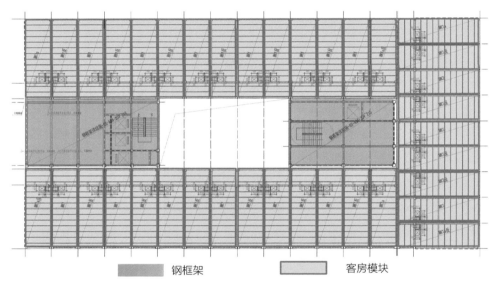

钢框架　　　　客房模块

图6.1-1　Ⅰ标段7层酒店标准层平面示意图

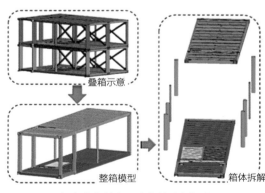

（a）箱式模块化结构模型分解图

（b）箱式模块化结构工厂加工

图 6.1-2　箱式模块化结构

计满足"设防地震作用下保持弹性、罕遇地震作用下满足极限承载力"的性能目标要求。在生产模块之前，连接节点在中国建筑科学研究院力学实验室进行了抗拉、抗压、弯剪试验，试验结果均表明以上节点具有良好的抗震性能，节点安全可靠。

2. MiC体系模块化结构设计

Ⅱ标段项目结构能够实现高于当地设防烈度（7度）的罕遇地震（两千年一遇）下不倒，抵御14级超强台风。7层酒店主体结构由钢结构MiC模块、钢框架结构体系及预制混凝土走廊板组成（图6.1-3），符合《轻型模块化钢结构组合房屋技术标准》JGJ/T 466—2019中叠箱-框架混合结构体系总层数不宜超过8层、总高度不应超过24m的相关规定。

每个房间由一个MiC箱体单元组成（图6.1-4），箱体尺寸均为3.58m宽、9m长、3.23m高，每层共计37个模块。模块梁柱采用矩形钢管，材料采用Q355钢。模块内卫生间部分采用预留孔洞，放置整体卫生间。模块楼板采用压型钢板混凝土组合楼板，顶板采用波纹板，单个模块具有较好的自防水性能。模块长跨方向设置有X形柔性支撑以加强模块整体刚度，同时不占据建筑使用空间。

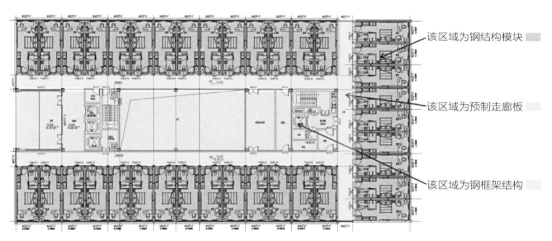

该区域为钢结构模块

该区域为预制走廊板

该区域为钢框架结构

图6.1-3　Ⅱ标段7层酒店标准层平面示意图

图6.1-4　标准MiC模块单元

客房MiC模块与基础短柱通过提前预埋在基础短柱内的钢板进行连接。客房MiC模块之间采用EPC单位自主研发的可拆卸式螺杆套筒连接系统连接，大大加快了模块现场拼装的速度。连接板采用铸钢件，具有充足的强度。

6.1.2 钢框架结构体系设计

本项目高层酒店为钢框架结构，高层宿舍为钢框架-支撑结构，均为常规的结构体系（图6.1-5）。竖向承重构件为箱形钢柱，水平传力构件采用H型钢梁，柱节点采用焊接节点，梁节点采用栓接节点，梁柱节点采用栓焊节点。楼板为钢筋桁架楼承板，现场免支模、免支撑，有利于楼板快速浇筑成型。分隔墙采用轻钢龙骨隔墙，从龙骨基层到饰面均为装配式拼装，大幅减少了现场湿作业，施工速度和质量控制均大大优于传统建筑装修工程。

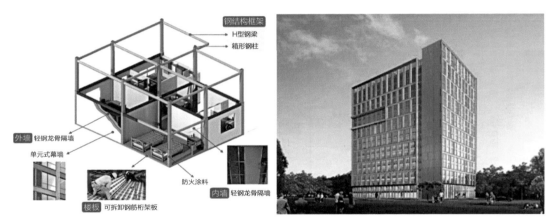

图6.1-5 高层钢框架结构快建体系

钢结构建筑自重轻、延性好，具有优良的抗震、抗风性能。钢构件运用工业化、现代化、标准化的生产方式，在专业金属制造厂生产，其加工精度高，可以准确、快速地在现场完成安装，大幅缩短施工周期，天然具备装配式建筑的优势。在施工层面，钢结构相对于钢筋混凝土结构，能够大量减少砂石、水泥、木材、模板的使用量，减轻对不可再生资源的破坏，从源头减少建筑废弃物，减少环境污染。

6.1.3 单元式幕墙设计

围护墙采用围护、保温、隔热、装饰一体化的单元式幕墙系统。单元式幕墙是由许多独立的单元构件组合而成（图6.1-6），每个独立单元构件内部的板块安装、板块间接缝密封均在工厂内加工组装完成。同时，采用数控加工设备进行钻孔、铣削加工，其精度易于保证，也使单元式幕墙防水性能较现场安装的框架式幕墙有很大的提升；结构胶作业在工厂内恒温防尘的环境中进行，更易保证结构胶的性能。在尺寸设计上，通常每个单元组件为一个楼层高（局部两层高）、一个分格宽。

图6.1-6　单元式幕墙

多高层酒店及宿舍楼基本采用统一的标准尺寸，采用标准型材，通过一定的韵律组合、颜色变化及虚实对比来实现外立面效果，为生产加工和现场施工组织提供了极大的便利。

单元式幕墙系统外观横隐竖明，埋件为板槽式埋件，位于混凝土楼板表面，便于快速安装。幕墙系统采用常规单元式幕墙的等压腔原理进行防水排水设计，同时确保幕墙系统的完整密封。

6.1.4 综合化机电设计

机电设计标准化体系以完整的建筑产品为研究对象，更注重基于BIM技术的机电管线集成技术，将设备管线集成化、标准化和模块化，以达到工业化生产和建设的目的。

设计过程中通过标准化、模块化设计，将机电与装修设计相结合，重点突出"集成化"概念，实现系统功能模块化、接口标准化与体系网络化。管线综合设计时，尽量避免平面管线交叉与过度集中，竖向管线布置应相对集中，套内管线户界分明。

机电管线分离技术可有效避免剔凿结构墙体，除必要的预制构件预留孔洞外，大幅度减少了预制构件种类，实现了部品部件生产工业化。通过采用立管外置、架空地面、轻钢龙骨隔墙、集成吊顶等，将机电管线隐藏，实现与主体结构的分离。

模块化机电采用工厂预制、现场拼接的方式，提高了安装效率，降低了安装人工及材料成本，极大地改善了机电施工质量和速度，同时保障了施工安全。模块化机电设计主要考虑装配式机房、整体功能区、模块化管道井、模块化机电管线、综合支吊架等方面。

装配式机房、模块化管道井、预制水表井、预制检查井等部品部件的设计生产，可大大提高施工速度；集成厨卫在制作和加工阶段实现装配化、模块标准化设计，可满足多种场所需求；机电管线预制技术利用BIM形成整段机电管线模型，分段预制，提高了安装精度。如图6.1-7、图6.1-8所示。

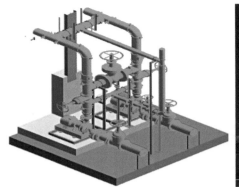

（a）装配式消防泵房部件BIM模型　　　　　（b）装配式消防泵房部件组拼实物

图6.1-7　装配式消防泵房部件

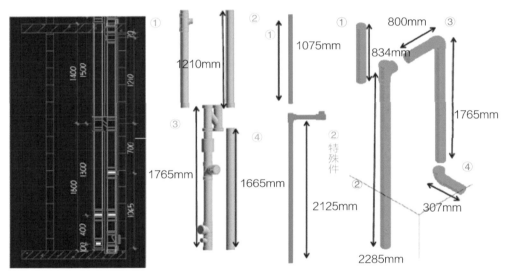

图6.1-8　装配式管道

6.1.5 装配式内装设计

酒店的内装设计围绕快速建造的特点，以满足平战结合、快速施工等功能性需求为前提，同时兼顾实用、美观的本质。在项目前期技术策划时，为实现标准化设计、工业化生产、装配式施工、装修一体化和管理信息化的目标，房间装修确定采用装配式整体装修方案。

装配式整体装修体系包含集成式吊顶板体系、轻钢龙骨隔墙体系、装配式地面板体系、整体卫浴体系、装配式饰面体系等。多层建筑的轻钢龙骨隔墙、饰面板材随箱体安装完成。高层酒店所有隔墙同样采用轻钢龙骨隔墙装配施工，隔墙基材为玻镁板或水泥纤维板内嵌岩棉，饰面板采用竹木纤维板板材，在现场拼装完成。全干法墙体工艺，非砌筑墙体的应用比例为100%，采用墙体、管线、装修一体化的应用比例为100%。

酒店客房采用标准化设计，以大床房为标准单元，套房、双床房仅通过布置不同家具即可完成转换，极大地简化了施工工序以及管理流程，提高了生产效率。

6.2 快速生产——一体化工厂生产技术

6.2.1 分布式箱体一体化生产技术

1. ME-house模块分布式箱体一体化生产

Ⅰ标段EPC总承包单位的模块化建筑体系名为ME-house体系，其模块化箱体的制作内容主要包括箱体钢结构、装潢（含隔墙、机电、装修等）、软装三大部分。其中，钢结构及装潢工作由EPC总承包单位承担，软装由酒店运营单位负责。各项工作内容如图6.2-1所示。

图 6.2-1　箱体制作主要内容

根据分工，箱体钢结构及装潢工作主要在工厂进行，软装工作需要箱体在现场安装完成并结束各项收尾及调试验收工作后才能进行。箱体制作整体流程如图6.2-2所示。

箱体钢结构的生产在工厂完成，采用分布式生产技术，将箱体的主要组成部件分解。A3、A4栋标准结构箱包含角件盒12个、端框3组、顶架2组、底架2组、顶板1块（波纹板）、底板1块（镀锌板）；A1、A2、A5栋通过设计优化，标准结构箱增加中柱和扁钢带支撑。如图6.2-3所示。

箱体结构的主要组成部分在工厂分为角件、底架、端框、顶架等几个部分同步进行加工制作，然后组装为箱体结构。分布式加工是指根据钢结构模块箱的结构特点，将箱体的主要部件分解后加工成小的部件单元，然后集中进行总装，形成整个模块结构。该方式提供了更多的作业工位，可实现多个班组甚至多个工厂同时作业，从而提高了箱体的加工速度。箱体结构加工的详细流程如图6.2-4所示。

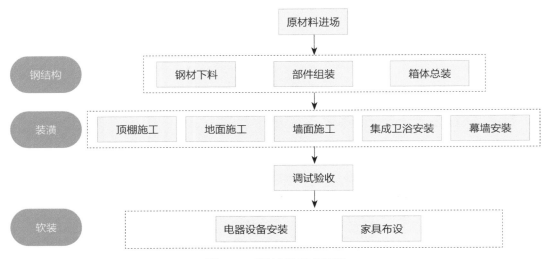

图6.2-2　箱体制作整体流程

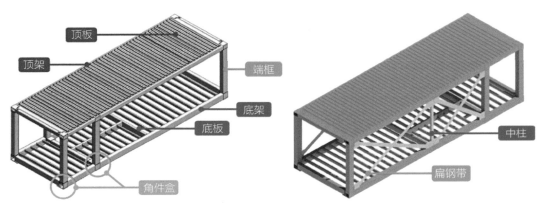

图6.2-3　箱体主要组成部分

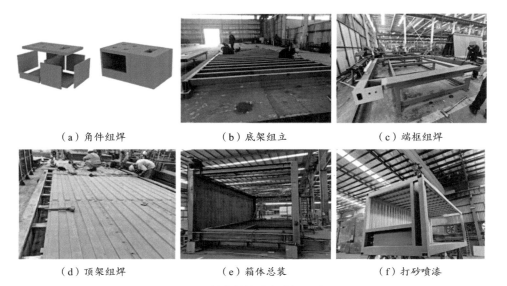

（a）角件组焊　　　　　（b）底架组立　　　　　（c）端框组焊

（d）顶架组焊　　　　　（e）箱体总装　　　　　（f）打砂喷漆

图6.2-4　箱体结构分布式加工流程

　　　　　　　　　　　　　　　　　　非凡的建设——大型平急两用项目建设管理创新实践

2. MiC模块分布式箱体一体化生产

Ⅱ标段EPC总承包单位的模块化建筑体系名为MiC体系，同样采用了分布式的模块箱体生产技术，基于全产业链信息化、智能化技术，可高效完成多专业设计、多区域生产、统一运输安装的协同作业。项目共生产完成1637个钢结构MiC模块，每一个模块根据生产地点和工艺流程分为钢结构箱体生产和箱体一体化精装修两部分（图6.2-5）。

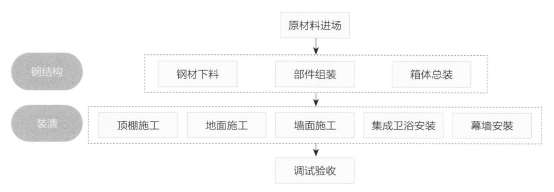

图6.2-5　MiC模块的生产流程

根据产能和运输距离，在广东省内选择了9个钢结构箱体生产工厂，其中1个位于惠州，3个位于佛山，2个位于江门，3个位于珠海，工厂至项目现场最短直线距离50km，最长直线距离150km。

MiC模块钢结构箱体分为底架、顶架、前端、后端、左侧墙、右侧墙共6个截面，在各自工位进行分别组立焊接，然后转运至总装台进行整体拼装。其中，珠海厂MiC钢结构箱体具有自动化生产线，流水线上部件的焊接作业全部采用机器人自动焊接，每半个小时就可以完成一个钢结构箱体的生产（图6.2-6）。其他8个工厂为本项目临时分派，采用传统的手工作业模式进行钢结构箱体的生产。

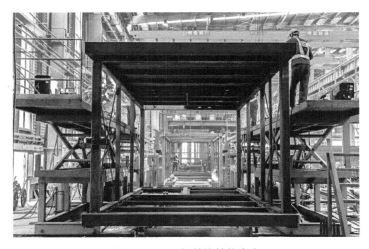

图6.2-6　MiC钢结构箱体生产

MiC箱体一体化精装修在5个不同的工厂进行，其中4个位于珠海，1个位于江门。MiC钢结构箱体生产完成后转运至这5个工厂进行内部装潢及外侧幕墙安装，采用人员移动（箱体固定）穿插施工的方式，确保车间可以最大容量放置较多的箱体并同步进行装修作业。通过分布式的生产设计，最终本项目实现了120~150个箱体/d的总产能，大大提高了生产效率。

MiC钢结构箱体生产过程中，采用装配式BIM生产协同管理平台，可实现基于多工厂协同生产模式，对项目信息、生产任务、堆场管理、发货管理等模块进行优化，并支持协同生产；按照MiC质检标准，细化检查项目和检查节点，优化质量管理模块；基于多工厂协同生产模式，对报表中心进行优化，提升生产数据、质量数据、发货数据等重要数据的准确度和汇总效率。

6.2.2 装饰装修一体化生产技术

1. ME-house模块装饰装修一体化生产

ME-house模块的装饰装修采用全干式工法，零混凝土浇筑，从而确保了装修装饰一体化集成生产技术的顺利实施。装修装饰一体化，就是在规范化、标准化设计的前提条件下，装修设计和建筑规划一同进行，统一模数体系。这一设计方法大幅提升了装修零部件的通用化率，即室内室外装修从设计之初就采取工厂化方式生产，待实行装配化施工装修所需要的原材料、零部件、构配件全部统一制作完成后，进行整体安装并投入使用。

"装修装饰一体化"融合了研发、设计、施工、成本、采购、售后等各个阶段，可大幅度提升装修速度，打通房屋精装修运营脉络，减少装修成本。其流程如图6.2-7所示。

与传统的装修方式相比较，装修装饰一体化不仅能够节约能源消耗、减少环境污染，且施工速度更快、质量更高，环保节能的同时也具备很好的性能。此外，相比于传统的砖混结构和钢筋混凝土建筑，装修装饰一体化有助于建筑业的工业化发展，为建筑业的转型升级提供动力。装修装饰一体化已成为社会工业化过程中拓展出来的一种合乎经济社会不断发展、符合用户需求的新型建筑工业技术。

2. MiC模块装饰装修一体化生产

MiC模块装饰装修与ME-house体系基本相同，主要分为顶棚、地面、墙板、门窗、集成卫浴和幕墙6个施工分区，其中南北两面、露台部位和内庭玻璃单元板块及层间保温岩棉、防水背板材料在箱体制作厂内进行安装，现场仅完成收边收口工作，具有高效、便捷的优势，整体内部装修在工厂的完成率达90%以上（图6.2-8）。

珠海基地的预制复合墙体分装线采用自动打钉机将螺丝钉拧入石膏板和龙骨中固

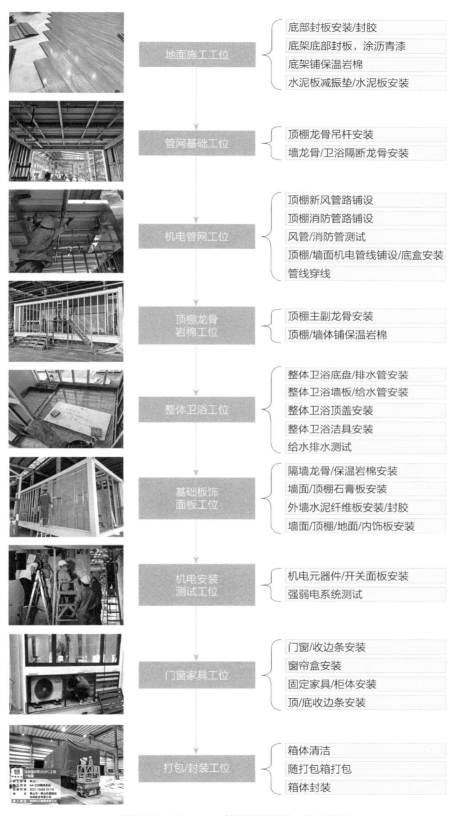

地面施工工位
- 底部封板安装/封胶
- 底架底部封板，涂沥青漆
- 底架铺保温岩棉
- 水泥板减振垫/水泥板安装

管网基础工位
- 顶棚龙骨吊杆安装
- 墙龙骨/卫浴隔断龙骨安装

机电管网工位
- 顶棚新风管路铺设
- 顶棚消防管路铺设
- 风管/消防管测试
- 顶棚/墙面机电管线铺设/底盒安装
- 管线穿线

顶棚龙骨岩棉工位
- 顶棚主副龙骨安装
- 顶棚/墙体铺保温岩棉

整体卫浴工位
- 整体卫浴底盘/排水管安装
- 整体卫浴墙板/给水管安装
- 整体卫浴顶盖安装
- 整体卫浴洁具安装
- 给水排水测试

基础板饰面板工位
- 隔墙龙骨/保温岩棉安装
- 墙面/顶棚石膏板安装
- 外墙水泥纤维板安装/封胶
- 墙面/顶棚/地面/内饰板安装

机电安装测试工位
- 机电元器件/开关面板安装
- 强弱电系统测试

门窗家具工位
- 门窗/收边条安装
- 窗帘盒安装
- 固定家具/柜体安装
- 顶/底收边条安装

打包/封装工位
- 箱体清洁
- 随打包箱打包
- 箱体封装

图6.2-7　ME-house箱体装饰装修一体化流程

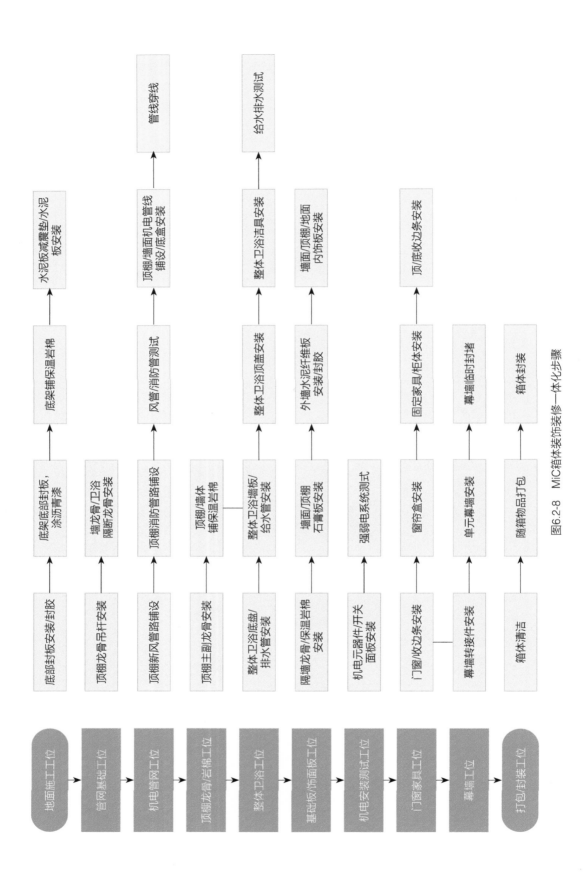

图6.2-8 MIC箱体装饰装修一体化步骤

　　　　　　　　非凡的建设——大型平急两用项目建设管理创新实践

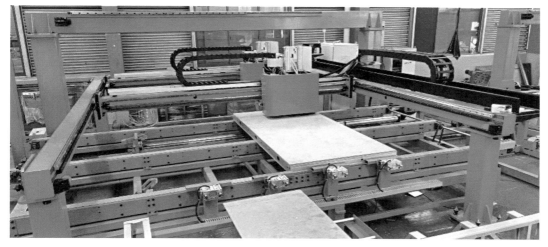

图6.2-9 预制复合墙体分装线

定，可以每2.5min生产一块墙板（图6.2-9）。通过标准化、一体化的集成技术，有效提高了装修的质量和效率。

6.2.3 标准化生产质量管理

1. ME-house模块生产质量管理

（1）生产管理组织。箱体制作生产组织架构按照生产、技术、工艺、质量、安全、计划共6大板块进行划分，确保项目的制作进度、质量、发运满足需求（图6.2-10）。由于本项目箱体采用多个制作厂进行生产，每个制作厂均需设置1名制作经理，并按照上述架构配置各专业责任人，确保各厂生产的箱体质量及进度满足要求。根据项目施工总进度计划，由各厂制作经理牵头制定各厂发运计划，充分考虑工厂的排产计划、产能情况、发运时间等因素影响，并与现场临时堆场责任人提前拟定各工厂生产箱体的堆放区域，根据分厂发运、分区堆放、分区安装的原则进行统筹。

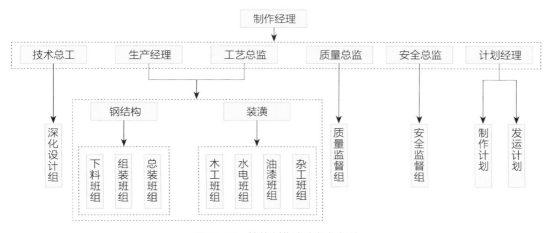

图6.2-10 箱体制作生产组织架构

（2）图纸工艺性审查。正式加工前，组织各级部门认真研究招标人提供的设计文件（结构设计图纸、设计规范、技术要求等），积极参加设计交底。通过BIM模型，进行加工过程全流程模拟，确保加工工艺可行。结合工厂条件编制制造方案，设计并制作针对本项目构件特点的工装器具。

（3）人员资质审查及培训。为达到优良的制造质量，对参加本项目模块构件制造的主要工种，如焊工、涂装工、组装工、画线工、检查工等进行特殊培训和考试，实行持证上岗制度；对操作工人、质检人员、安全人员、技术人员、管理人员进行上岗前全员技术培训、质量意识教育、技术交底和"应知应会"教育（图6.2-11、图6.2-12）。

（4）质量验收流程规范化。模块化箱体质量验收流程的规范化是确保箱体制作质量

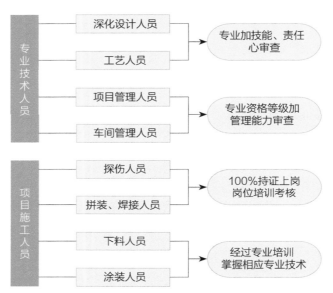

图6.2-11　人员资质审查及培训流程

图6.2-12　制作厂焊工焊接考试

的关键，需根据"重点部位全面检查、一般部位按比例抽查"的原则进行箱体的质量验收。箱体制作过程存在较多在箱体出厂前无法检测的隐蔽验收，因此，只有质量监管人员做好过程中的工序质量验收，才能确保箱体的整体质量。

根据样箱制作以及此前的模块化箱体制作经验，本项目总结了各工序的质量控制要点，并形成了各工序的质量验收文件（质量验收表），用于记录各箱体制作质量情况，便于总结形成模块化箱体制作工艺手册和质量通病防治手册。

（5）落实第三方检测机制。建立加工厂质量管控体系，其组织架构分厂级、部门级、班组级三级管控，明确责、权、利，其中质检部作为加工厂制造质量主要管控责任部门。在运行过程中，建立"三检制"，严格把关构件质量，同时严格落实第三方检测机制，由市检测中心派专职检测人员驻场监造，对于工厂焊缝按要求进行探伤，合格后进行下一道工序，质量不合格产品严禁出厂（图6.2-13）。

图6.2-13　钢结构制造厂及模块化箱体制造厂第三方探伤

2. MiC模块生产质量管理

（1）完备质检体系。Ⅱ标段项目在工厂生产阶段有一整套完备的质检体系，共有四道质检防线。其中，设计院保证各个专业都有1名设计师驻厂，实时解决和反馈生产中遇到的问题，并联合各个工厂本身的质检人员，作为第一道质检防线；EPC单位下属监理公司和项目监理单位驻厂人员为第二、三道质检防线；第三方检测机构扮演质量巡检员的角色，作为第四道质检防线。

（2）质量管理组织。工厂自身采用四级质量管理组织架构，如图6.2-14所示。其中，项目经理全面负责项目的进度、成本、质量、安全的协调；质量经理全面负责项目的质量管理和质量控制的协调；原材料质量主管负责钢材、装修材料等原材料的质量控制；钢结构质量主管负责钢结构箱体各工序，包含钢筋混凝土的质量控制；装修质量主管负责建筑装饰装修各工序的质量控制；水电暖通质量主管负责机电，包括暖通、消防等专业的质量控制；工程资料员负责工程从原材料到模块交付过程中的项目资料收集。

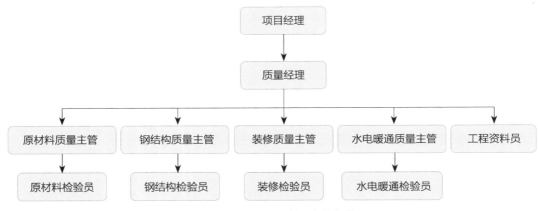

图6.2-14 四级质量管理组织架构

各个环节的检验员对各环节生产质量进行不定期抽查。

项目质量检验遵循"三检制"和"三级检查制度"的结合,"三检制"是指班组自检、管理者和其他工序操作者互检、质量员专检,以实现分项工程的质量目标;"三级检查制度"是指分包自检、总包复检和监理验收检查,通过多级检查保证分项工程的施工质量,提高施工质量水平。

MiC钢结构箱体的工艺标准包括33项控制项目,机电的工艺标准包括73项控制项目,装修的工艺标准包括88项控制项目。本项目中,通过精心设计质量检测表,对各环节工艺进行质量检测,达到了无遗漏、全备案、可追溯的控制效果(图6.2-15)。

(a)钢箱尺寸检测　　　　　　　　　(b)箱体水平度检测

图6.2-15 MiC箱体工艺质量检测

此外,本项目通过建立样板引路制度、质量会诊制度、挂牌施工管理制度、成品保护制度和标签制度(图6.2-16)等多项质量管理制度来指导、检查、保持施工质量,确保工厂和项目现场都能高效生产出高质量、高标准的建筑构件。

图6.2-16　成品保护制度和标签制度

6.3 快速安装——模块化现场安装技术

6.3.1 ME-house模块化箱体安装

Ⅰ标段的模块化箱体分为两个阶段施工，第一阶段在A3栋南、北两侧各设置一台200t/250t履带起重机，每台履带起重机均采用61m主臂工况用于箱体吊装；在A4栋北侧设置一台150t履带起重机、南侧布置一台260t履带起重机（61m主臂）、东侧布置一台220t汽车起重机（58m主臂）进行箱体吊装。第二阶段为A1、A2、A5栋施工阶段，在A1栋北侧设置一台250t履带起重机，A1栋与A2栋之间设置一台320t履带起重机，在A2栋南侧设置一台180t履带起重机，在A5栋北侧设置两台汽车起重机（300t、350t）。采用主臂超起工况吊装模块化箱体，汽车起重机均采用主臂超起工况，施工平面布置如图6.3-1所示。

因本工程局部箱体角件盒开孔方向限制，部分箱体螺栓手孔开设在长边方向，箱体吊装根据吊装编号顺序进行。A1、A2栋总体施工流向为南北朝向的箱体由中间向两边进行安装，南北向箱体安装完成一层结构后才能开始安装东西向的箱体。A3、A4栋总体施工流向为东西朝向的箱体由东向西进行安装，东西向箱体安装完成一层结构后才能开始安装南北向的箱体。A5栋在一层需先安装北侧箱体，之后的楼层先进行南侧箱体的安装。

模块化箱体吊装前，需要完成底部基础施工及验收，包括基础尺寸、预埋件定位及平整度等内容的检查复核。其中，基础预埋件的平整度及轴网复测工作是为了确保后续模块化箱体安装的基础平整。同时，由于项目工期紧张，建筑夹层及室外的管网需提前进行施工及预埋，避免影响后续箱体吊装和幕墙施工（图6.3-2）。

为保障箱体快速吊装，防止吊装过程中箱体变形，箱体吊装采用钢吊架+钢丝绳与

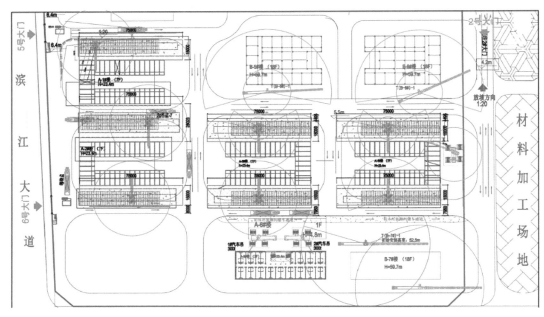

图6.3-1　模块化箱体施工平面布置示意图

（a）基础及预埋件复核　　　　　　　　（b）建筑夹层管网施工

图6.3-2　模块化箱体吊装前期工作

箱体角部角件连接的方式进行四点吊装（图6.3-3）。为提升吊装效率，钢丝绳与箱体角件采用扭锁+卸扣的方式进行连接。

为克服连接部位角件盒空间狭小的困难，保障高强度螺栓连接可靠，项目采用结合液压扳手+倍增器+数显扳手的多种高强度螺栓终拧方式，顺利完成了本项目高强度螺栓终拧作业（图6.3-4、图6.3-5）。

施工过程中，做好箱体间的防水尤为重要（图6.3-6）。建筑层内的箱体间水平横向拼缝采用多层防水做法，施工过程中需严格按照施工工艺流程，逐层进行施工。箱体顶部水平缝防水施工完成后进行连接钢板焊接固定，在安装下层箱体前，需采用沥青卷材在连接板四周进行防水封堵，且卷材需反坡至连接板顶面。本项目外侧采用全幕墙包封，箱体间立面竖向拼缝（横缝、竖缝）采用内填PE棒（防火岩棉）+丁基胶带的方式

图6.3-3　模块化箱体吊架应用

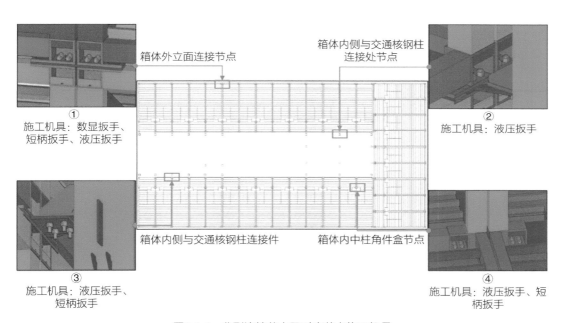

箱体外立面连接节点

箱体内侧与交通核钢柱
连接处节点

①
施工机具：数显扳手、
短柄扳手、液压扳手

②
施工机具：液压扳手

箱体内侧与交通核钢柱连接件

箱体内中柱角件盒节点

③
施工机具：液压扳手、
短柄扳手

④
施工机具：液压扳手、短
柄扳手

图6.3-4　典型连接节点及对应节点施工机具

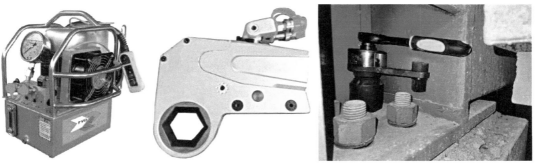

（a）液压扳手及液压泵站

（b）普通扳手倍增器及套筒

图6.3-5　节点施工专用工具

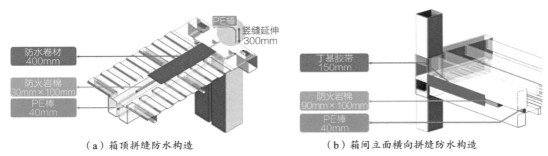

（a）箱顶拼缝防水构造 （b）箱间立面横向拼缝防水构造

图6.3-6　ME-house箱体防水构造

进行防水处理。施工过程中应注意箱体间隙大小，若间隙过大，需要先填充PE棒和岩棉并打发泡胶，然后进行表面打胶处理，打胶过程中须确保缝隙填充密实。

6.3.2　MiC模块化箱体安装

MiC箱体进场后首先集中存放并进行验收（图6.3-7），检查运输期间是否存在损坏等情况；待验收完毕后，根据现场的施工进度提前预备相应编号的模块，并用货车运送至现场。

图6.3-7　MiC箱体集中存放验收

首层模块吊装前，在基础施工阶段需要提前对模块柱的位置进行定位和放样，并在基础短柱中预埋连接板作为模块箱体的底座。

MiC箱体吊装施工工艺流程如图6.3-8所示。箱体正式吊装前需要进行试起吊，检查箱体是否发生变形、吊点是否稳固。确认完毕后的正式起吊需由现场施工员与吊车司机进行实时联络，确认箱体的落位，通过由高至低、由粗至精的方式不断调节箱体在空中的位置，最终与下面一层模块顶部的连接板完美对接（图6.3-9）。MiC箱体吊装就位后，在节点处插入螺杆，拧紧后安装连接板并在螺杆上端拧紧套筒，为上面一层的吊装提供连接点。

项目箱体最大质量为20t，每楼采用两台200t履带起重机进行吊装施工（图6.3-10）。

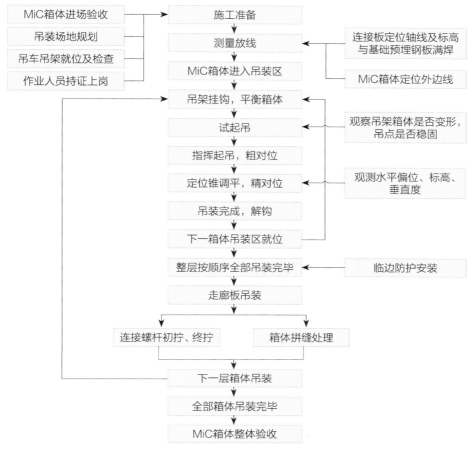

图6.3-8　MiC箱体吊装施工工艺流程

图6.3-9　MiC箱体吊装

履带起重机具有稳定性好、载重能力大、防滑性能好、对路面要求低的特点，能够有效提高MiC箱体的吊装品质和速度，一天能完成1～2层MiC箱体的吊装工作（图6.3-11）。同时，采用汽车辅助吊运预制楼板、连接板、螺杆等连接部件和材料。立面核心筒安装完成后，开始模块的吊装施工，每层即为一个施工段。酒店的整体施工顺序为各楼

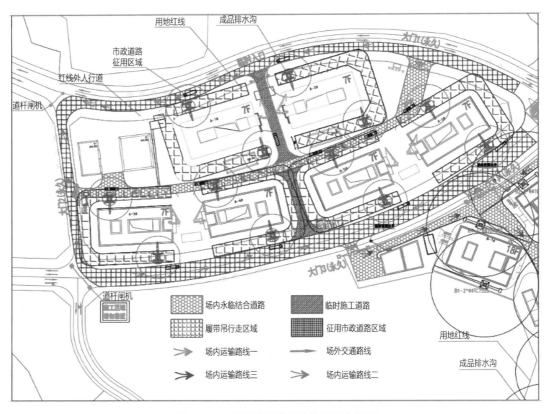

图6.3-10 项目吊装阶段总体平面布置图

图6.3-11 履带起重机吊装作业

栋平行施工，根据整体进度计划的安排，各楼栋吊装先后顺序为：A5—A4—A2—A3—A1—A6。根据先前的经验，为避免误差积累造成箱体与走道板或箱体与箱体之间位置偏差过大，确定了双L形的吊装顺序。吊装与螺杆套筒的安装同步进行，平行施工，以提高效率。

第7章
数字建造

7.1 BIM全过程应用

BIM技术贯穿项目的全生命周期，以建模为基础，以技术为核心，以数据为载体，以工期为主线，以质量安全为抓手，以助力快速建造为导向，实现从设计、生产、施工、运维全产业链条的信息交互与共享；充分发挥设计、生产、施工一体化管理优势，实现设计、生产、施工全过程无缝对接；实现项目全生命周期的精细化管理与智能化管控。BIM全过程应用流程如图7.1-1所示。

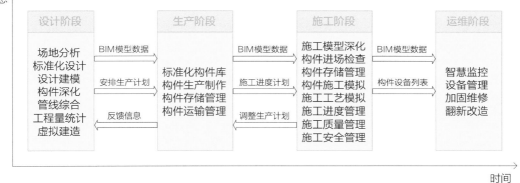

图7.1-1　BIM全过程应用流程

7.1.1 设计阶段BIM应用

1. 标准化设计

在设计阶段遵循"少规格、多组合"的基本原则，从箱体及高层客房模块化设计、平立面标准化以及箱体、钢结构、幕墙等部品部件标准化等方面完成高装配率建筑设计（图7.1-2）。设计过程中依据标准化构件库中已有构件进行选择与组合，结合BIM的三维可视化功能，对钢构件的几何属性进行可视化分析，对预制构件的类型数量进行优化。

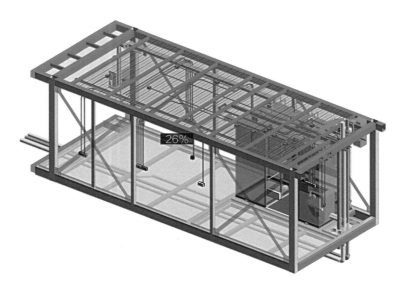

图7.1-2　标准化箱体

2. BIM正向设计

以"正向"为理念，同步设计进度，不断丰富和完善模型信息维度（图7.1-3）。在模型创建过程中分别针对高层钢结构和多层模块化体系创建全专业模型并进行协同设计、图纸校核、净高分析、碰撞分析等相关设计应用，实现项目设计与校核同步，提前消除设计过程中的"错漏碰缺"等问题，实现短时间内完成高质量设计图纸，并辅助进行设计交底、定案（图7.1-4）。

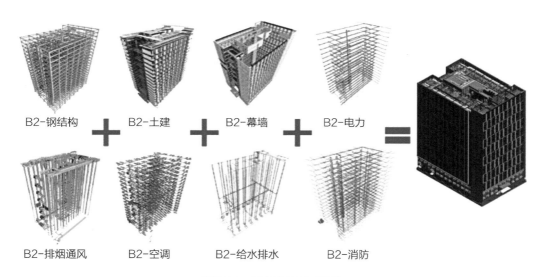

B2-钢结构　＋　B2-土建　＋　B2-幕墙　＋　B2-电力　＝

B2-排烟通风　　B2-空调　　B2-给水排水　　B2-消防

图7.1-3　正向设计BIM模型

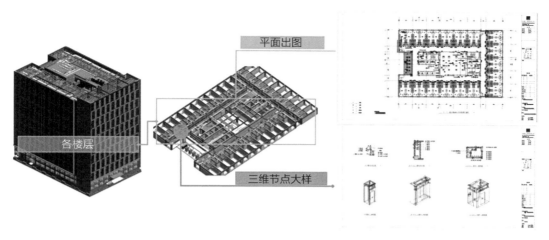

图7.1-4　BIM模型出图

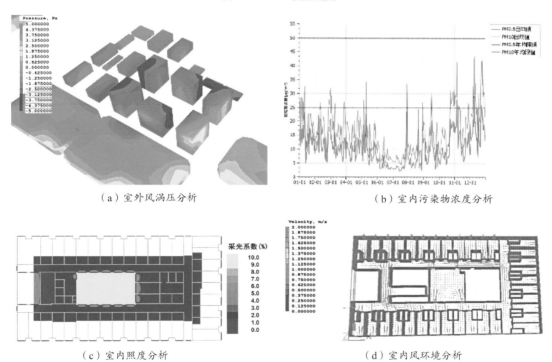

（a）室外风涡压分析　　　　　　　　　（b）室内污染物浓度分析

（c）室内照度分析　　　　　　　　　　（d）室内风环境分析

图7.1-5　BIM辅助性能分析

3. BIM性能分析

利用设计模型模拟真实环境，在设计阶段进行项目日照、场地风环境、室内天然采光、构件隔声及背景噪声等9项性能分析（图7.1-5），验证项目的绿色、节能、隔声、低碳及可持续建筑设计，助力实现"碳达峰""碳中和"目标。

4. 虚拟建造及设计交底

在施工前期进行全专业虚拟建造模拟，直观、高效地表达设计意图和构造做法，以全员参与、施工前置的理念开展EPC项目的职能线和业务线的融合。通过BIM轻量化技术进行建筑、结构、机电、幕墙专业设计交底，将BIM模型进行详细深化模拟展示。项目在施工过程中固化工序、专业交叉顺序、关键节点做法，并统一标准，这一做法为现场施工的有序开展起到了指引作用，为项目快速建造提供了保障。

7.1.2 生产阶段BIM应用

项目采用高装配率的快速建造体系，应用BIM技术结合钢结构全生命周期管理系统辅助生产，从工厂预制、智能运输、现场装配等环节为完成高标准建设任务提供保障。基于RFID无线射频技术对预制构件的采购、切割、加工、运输、安装状态进行管理，实现构件全生命周期追溯可视化，实现构件管理数据化。

1. 辅助智能生产

以EPC总承包单位自行研发的钢结构全生命周期管理平台为基础，将钢结构深化设计模型通过NC（数控）数据与加工设备对接，BIM模型几何数据信息导入钢结构全生命周期管理系统（图7.1-6）。以数据支撑钢材采购、工序加工与验收、过程跟踪、自动化加工、现场扫码安装等全过程应用，并基于EPC单位所属集团可供物联网平台实现对构件的状态管理。

2. 辅助工厂预制加工

为辅助工厂生产预制构件，本项目箱体应用全专业LOD400模型（包含二次机电和详细构造做法），通过BIM模型予以详细装饰工序视频展示，并配合相关做法爆炸图（图7.1-7）及做法图，固化工序及各工序质量要求做法。此外，统一标准，按照标准批量加工、整体安装，提高箱体标准化程度和施工速度，保障各个生产厂家的箱体加工质量的统一。应用项目智慧建造管理驾驶舱从箱体生产、运输到安装进行全过程监管。

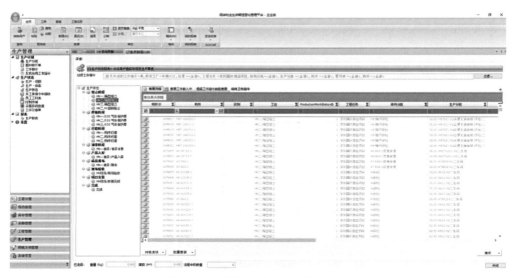

图7.1-6　钢结构全生命周期管理系统

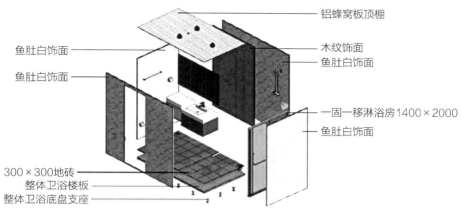

图7.1-7　建筑模块爆炸图（整体卫浴）

3. 施工阶段BIM应用

以设计、生产阶段的数据作为支撑，深挖数据价值，基于BIM、物联网、大数据、人工智能等技术，实现人、机、材和建造过程的互联互通，从而为建筑全生命周期数据交互赋能，细化项目过程管理，实现对项目施工现场的智能化监控和智慧化管理。

在项目策划阶段，通过BIM对不同工况的场地布置进行模拟分析，优化平面道路、原材料及构件堆场位置，以及塔式起重机、施工电梯等垂直运输最优位置及数量（图7.1-8）。

基于BIM进行施工模拟（图7.1-9、图7.1-10），简化施工工艺及施工技术，形成钢结构吊装、箱体安装、箱体装饰、高层装饰施工模拟动画，优化并验证方案可行性，优化各专业穿插施工工序，实现施工进度的计划与现场的统一。

在施工前，通过建模校核图纸并生成轻量化模型，辅助现场多作业面的准确施工。

图7.1-8　现场施工场地布置模型

（a）ME-house箱体安装模拟

（b）高层钢结构吊装模拟及吊装顺序分析

图7.1-9 施工工艺模拟

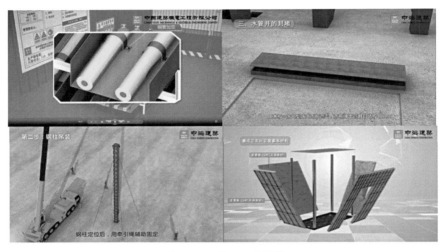

图7.1-10 施工工序模拟

在各层机电、装饰施工期间，在各标准间、走廊等关键施工位置布置三维模型及技术交底动画的二维码，利用BIM技术制作的施工工艺交底动画，确保现场作业人员都有清晰的概念（图7.1-11）。

机电专业通过机电模型深化设计、整体管综的评审与交底，以最后评审的模型将机电安装管道等拆分成模块，提取预制分段清单并生产。加工厂扫码识别清单并进行预制（图7.1-12），对部件标识加以编号，然后运输配送至现场。现场采用机械化、半机械化和工装设备结合的方式进行安装。

通过AR（增强现实）技术与BIM模型的结合，利用手机或外接摄像头扫描特定场景的二维码后，能够实现BIM模型（包含建筑、结构、机电模型）与施工现场的叠合（图7.1-13）。一方面，能够帮助施工人员避免阅读复杂的图纸，转而观看实景模型进行施工；另一方面，能辅助质量管理人员对已完成工程进行精准验收。

采用VR（虚拟现实）安全培训设备，结合BIM模型深度应用，可模拟7大类安全事故类型（图7.1-14），使工人"亲身经历"工程建设中的火灾、电击、坍塌、机械事故、

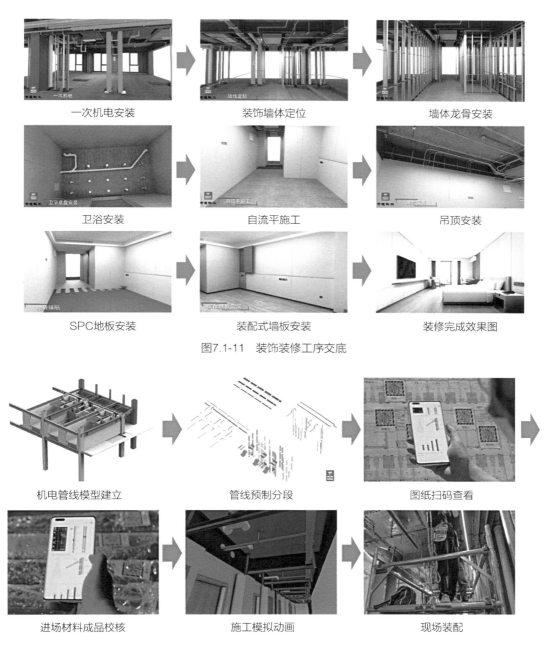

一次机电安装　　　　装饰墙体定位　　　　墙体龙骨安装

卫浴安装　　　　自流平施工　　　　吊顶安装

SPC地板安装　　　　装配式墙板安装　　　　装修完成效果图

图7.1-11　装饰装修工序交底

机电管线模型建立　　　　管线预制分段　　　　图纸扫码查看

进场材料成品校核　　　　施工模拟动画　　　　现场装配

图7.1-12　机电预制加工流程示意

图7.1-13　BIM+AR应用

图7.1-14　BIM+VR应用

高空坠落等几十项安全事故，从而增强其安全意识和安全施工技能。

通过BIM技术与无人机倾斜摄影技术的结合，可提供平面与高程精确度达到厘米级的高精度无人机倾斜摄影实景模型，实现在一个图层中同时对齐并显示GIS（地理信息系统）、无人机倾斜摄影相片、MESH（网格）模型（图7.1-15）与BIM模型，进行施工进度的管理。

采用无人机在全域巡航，与陆地交通互相配合，同时应用先进多元的精密技术设备为调度提供全面、实时的监控支持，最后在调度平台中整合所有的监控信息与调度安排，形成系统化的调度流程（图7.1-16）。

图7.1-15　MESH模型

图7.1-16　无人机专项应用

7.2 智慧工厂生产及管理

7.2.1 智慧工厂模块生产及管理技术

智能制造生产线在本项目实施过程中发挥了重要作用。该生产线由EPC总承包单位自主研发设计、建造并在本项目实施应用，为项目各类构件的快速交付提供了强力保障。其中，"智能化切割下料技术""卧式组焊矫技术""机器人焊接技术"等关键制造技术应用，进一步验证了EPC总承包单位智能生产线的绝对实力。

1. 智能化切割下料技术

通过智能下料中心将全自动切割机、钢板加工中心、程控行车、全自动电平车等设备和实体库存进行统一控制、调配、管理、监控和数据采集，从而实现智能化下料。

（1）智能下料中心：主要技术目标是将程控行车、全自动电平车等物流设备与钢板加工中心、全自动切割机等加工设备通过智能下料集成系统进行集成整合，共同构成一套智能化"无人"下料体系（图7.2-1）。

（2）全自动切割机：用于钢板的自动切割工艺，主要针对钢结构的直条零件和小零件（图7.2-2）。在全自动模式下，切割机根据信息控制系统的排产计划，获取经套料软件处理的程序信息，自动生成相应的切割轨迹程序，执行钢板切割工作；切割完成后，链板式工作台将工件滚动传输至分拣区。全自动切割机包括全自动等离子切割机、全自动等离子或火焰切割机和全自动多头直条切割机。

（3）智能下料集成系统：深度采集程控行车、全自动电平车、全自动切割机、钢板加工中心等设备制造进度、现场操作、设备状态等生产现场信息，对下料范围内的生产

图7.2-1　智能化下料技术应用

图7.2-2　全自动切割机

系统、智能物流系统、人机互动、互联网、信息控制、信息管理、数字控制、自动化运用等方面进行全面管理（图7.2-3）。采用数字化技术全面管控工艺产品设计、运行、指导、安全预警等环节，建立智能下料中心的全数据管理系统，建立面向多品种、小批量的切割下料执行系统。根据生产计划进行任务队列安排，实现产品、规格混合生产的任务队列和生产管理。

图7.2-3　智能下料集成系统

2. 机器人焊接技术

通过科研创新项目，利用激光跟踪、电弧传感、焊缝自适应、数据库自匹配等技术配合大量的工艺试验和创新，实现焊接机器人厚板不清根全熔透焊接。同时，利用离线编程、参数化编程、大型变位机联动焊接等技术，实现多种结构形式的单件小批量机器人焊接。如图7.2-4所示。

3. 卧式组焊矫技术

为优化H型钢生产加工方式、改变传统立式、人工作业的模式，智能生产线创新设计了智能卧式组焊矫一体化工作站。围绕H型钢卧式组立、焊接和矫正三道工序一体化加工，提升了本项目的制造速度（图7.2-5）。

（a）牛腿焊接机器人　　　　　　　　（b）气体保护打底焊接机器人

（c）总成焊接机器人

图7.2-4　机器人焊接技术应用

机器人点焊、一次组立　　　　　　　　人工点焊、二次组立

自动翻身、双边施焊　　　　　　　　人工翻身、单边施焊

自动矫正　　　　　　　　　　人工矫正

图7.2-5　卧式组焊矫正技术与传统技术对比

4. 构件加工追溯技术

通过生成二维码将BIM模型构件与实际构件进行绑定，实时跟进生产运输、安装、验收状态，并存储构件相关的所有数据，包含但不限于设计图纸、工程量、生产、运输、安装和验收等数据，最终形成项目建设数据库。

5. MiC自动化生产线

Ⅱ标段的全部箱体均利用自动化生产线进行生产加工（图7.2-6），通过自动化工具完成下料、焊接、输送、总装、打砂和油漆作业等一系列工序，一个完整的MiC钢结构箱体就制作完成。

图7.2-6 MiC钢结构箱体自动化生产线和全自动焊接机器人

6. 智能数字化系统

Ⅱ标段采用的智能数字化系统是具有自主知识产权的创新科技成果，能够真正意义上实现由设计到生产的全链条打通，极大地提升了管理和生产效率，为企业的快速发展提供了保障，也为生产制造型企业向智慧建造领域转变提供了创新思路。

在前端，智能数字化系统体现为装配式BIM设计平台，设计人员可以利用平台，实现快速建模（一件一码），将模型成果、模型信息数据、图纸信息传递给生产端。

在中端，智能数字化系统体现为装配式BIM数据中台，实现多种来源且不同格式的数据整合，对其进行集中管理，最终为建筑空间的设计、施工、交付和运维等全生命周期的数字化管理提供数据和决策支持。

在后端，智能数字化系统体现为装配式BIM协同生产管理平台（海龙MES系统）。该平台承接设计平台传递的数据和模型，以设计数据和模型为源头，可联动所有的生产者；基于一套完整数据（设计、生产数据），实现在线生产协同；采用信息化平台技术，实现生产计划管理、生产过程管理、产品质量管理、车间库存管理、发货装车管理的业务闭环；通过项目看板和数据中心，输出分析数据，辅助管理层决策。

7.2.2 智能工厂玻璃幕墙生产

本项目幕墙采用信息化管理技术、自动化加工生产设备、智能化生产线进行板块加工，确保单元板块如期交付。

1. 信息化管理技术

玻璃幕墙生产厂家使用自主研发的PMS项目管理系统实现全业务流程的信息化服务，全方位掌控项目信息，实时监控项目运行；使用MES生产管理系统进行精准的物料智慧管理，实时统计并监控物料、质量、生产完成率等各类信息，通过二维码管理，实现对出厂产品的信息追溯（图7.2-7）。

2. 自动化加工生产设备

项目采用激光切板机、手持激光焊接、智能化加工中心等行业内先进、高效的设备，以提高加工效率与精度，保障产品质量，保障加工工期（图7.2-8）。

图7.2-7 幕墙加工信息看板

图7.2-8 幕墙自动化加工生产设备

3. 智能化生产线

通过生产线机器人、智能制造技术的使用，使用机器手代替部分人工，可实现产品生产质量稳定，生产效率高，促进了工厂自动化生产水平、品质管控能力等方面的提升（图7.2-9）。同时，通过生产线工艺的改革，倒逼其他设计、施工等环节技术的提升。

图7.2-9　智能化生产线

7.3 智慧工地系统及应用

本项目深度应用BIM技术、无人机等技术，建立了智慧工地管理系统，对工地信息进行采集并分析汇总，以辅助施工管理和决策，科学地对建筑工程的人员、物资、机械设备、进度、质量、安全、环境等各方面进行综合监管，实现了对于"人机料法环"的全方位管理以及对于质量、安全、进度的全周期管理，有效保障工厂生产、现场施工的顺利进行。

智慧工地综合管理平台采用1个平台+N个模块的应用模式，实现数据互联互通，通过手机APP+多设备数据采集+云端大屏集成，以图表或模型实时显示现场各生产要素数据。管理人员可直观地查阅全景监控、进度、质量、安全、物料、劳务、环境、工程资料及BIM技术应用等管理数据，达到全过程、全专业深度应用，实现建造系统化、信息化、标准化管理。

7.3.1 "人机料法环"全方位管理

1. 人员管理

由于项目参建人员具有数量大、来源广、流动性强的特点，人员管理系统旨在利用信息化、数字化手段解决工地上的诸多工程劳务管理难题，提升现场劳务管理水平，统计并分析在场劳动力总数及比例分布，合理分配调动劳动力资源，提高管理效率，为项目建设提质增效。

1) 实名+防疫人员管理系统

本项目工期短，建设任务重，需在短时间内招入大量产业工人进场施工。项目建设期正值新冠疫情防控关键期，产业工人的维稳和防疫工作的落实特别重要。项目信息化团队经过综合评估，结合本项目的实际需求，开发了一套全新的实名+防疫人员管理系统，整套系统融合了"云""大""物""智""移"等技术。功能架构上包含项目管理、实名管理、防疫管理、安全教育、后勤管理、数据分析等功能模块，可实现无接触、智能化、精准化服务和管控，最大限度地减少人员接触和交叉感染风险，提升了科学抗疫水平（图7.3-1）。

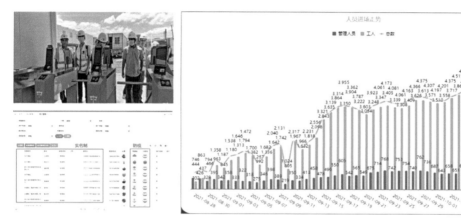

图7.3-1　实名+防疫人员管理系统

该系统在功能设计上有两大亮点。一是注册便捷。工人和管理人员，通过扫码注册的方式登记到各参建单位名下，工人在到达项目前即可完成注册工作。二是打通入职。在功能设计上将工人入职流程进行了拉通，将线下办理的入职流程搬到线上，并进行前后业务的关联，用流程节点之间的约束来推动业务应用。

2) 智能安全帽定位系统

通过在管理人员的安全帽上安装蓝牙定位装置，实现对于管理人员的定位及轨迹管理，便于查看管理盲区，提高管理质量，并为生产现场的安全管理工作提供可靠的数据依据（图7.3-2）。

图7.3-2　智能安全帽定位系统

2. 机械设备管理

1）机械设备定位系统

本项目实行智能工地区域管理，在机械设备进场时进行实名制登记并安装GPS定位设备，以云端为操作基础的管理平台，利用物联网技术及无线网络，实现每台移动机械在不同工作区域的实时动态追踪，强化机械资源管理，有效提升机械资源的调配效率（图7.3-3）。

图7.3-3 机械设备定位系统

2）吊钩可视化系统

通过在塔式起重机、吊臂和小车上安装嵌入式智能科技影像系统，利用高清摄像头捕捉吊装区域动态信息，并以无线传输的方式实时显示在智能可视终端上，从而实现塔式起重机的可视化操作（图7.3-4）。

图7.3-4 吊钩可视化系统

3）塔式起重机、升降梯监控系统

项目对使用的每一台塔式起重机和升降机都安装了相应的监控设备，一方面将监控数据推送到政府监控平台；另一方面，也便于项目监控施工机械的运行状态。此外，可通过数据挖掘来判断升降梯的拆除时机，为幕墙安装的收边收口创造条件。

3. 物资材料管理

作为国内首个采用模块化技术搭建的永久性酒店项目，模块化构件管理成为整个项目管理工作的重中之重。采用智慧工地物资材料管理系统可实现模块化构件的全过程监管。

物资材料管理系统为模块化构件加配二维码，实现模块统一身份ID，且同一个ID可实现平台间的信息追溯。平台支持单体构件信息搜索、楼层整体构件信息搜索、在运构件信息搜索等功能，便于管理人员根据箱体生产进度对现场生产吊装计划作出精细化安排。

4. 施工工艺工法管理

在项目建设过程中，为了提高现场技术交底的效率，依托BIM技术的深度应用，建立了"BIM可视化交底库"，并在项目各标准间、走廊等关键施工位置布置三维模型及技术交底动画的二维码。工人通过手机扫码，即可观看二维码所在位置对应的三维全景模型、技术交底动画及图纸。

5. 施工环境和能耗管理

1）智能用电安全检测

在建设管理过程中，为了建立一套高效的能耗管理系统，对节能减排工作进行精细化管理，加强对于现场用电安全的监管，在项目现场的二级配电箱均布置了用电监测系统，及时掌握线路动态运行存在的用电安全隐患，以避免电箱起火等事故的发生，同时对用电能耗进行监管（图7.3-5）。

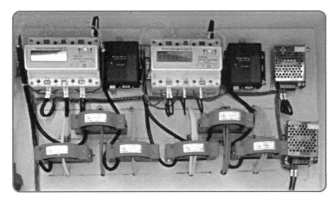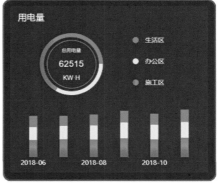

图7.3-5　智能电箱实物及后台数据显示

2）扬尘噪声监测及自动喷淋系统

为了实现文明施工和绿色施工，项目在施工现场主干道和大门均布置了环境监控装置。该装置能够实时监控环境数据，并将数据上传至物联网平台，实现对现场环境的远程监控。当$PM_{2.5}$或PM_{10}的浓度达到警戒值上限时，喷淋智能管理系统（围挡喷淋+雾炮机）将自动启动；当浓度降到警戒值以下时则自动关闭。

3）基于摄像头的智能AI广播系统

项目应用了EPC总承包单位自主研发的基于摄像头硬件与网络的智能AI广播系统，广播音响信号通过摄像头的网络进行传输，可定点布设，也可依托移动智慧杆布设，并可实现实时喊话、AI行为预警、定时语音等场景功能。

7.3.2 质量、安全、进度全周期管理

1. 质量管理

1）质量管理系统

质量管理系统由移动端的收集APP和计算机系统组成，是一个基于云计算的多用户实时项目管理平台。该系统支持连续无线和实时上传现场进度以及安装和工艺细节记录，并能够生成关于进度的即时报告，还可以随时随地对缺陷和现场问题进行持续监测和评估。

2）BIM+AR轻量化模型加载及查看可视化系统平台

通过AR增强现实技术与BIM模型的结合，利用手机或外接摄像头扫描特定场景的二维码后，能够实现BIM模型（包含建筑、结构、机电模型）与施工现场的叠合。一方面，能够帮助施工人员避免阅读复杂的图纸，转而观看实景模型进行施工；另一方面，能辅助质量管理人员对已完成工程进行精准验收。

2. 安全管理

1）智慧视频监控系统及安全教育

项目现场按照分区责任制配备了安全管理人员，借助智慧工地视频监控系统，实现了项目全覆盖安全管理（图7.3-6）。

智慧工地视频监控系统将布设在施工现场的枪机、球机、半球机、AP设备组建成单个或多个局域网络，可实现在手机端、PC端、大屏端随时随地查看现场监控画面的效果。该系统在视频监控设备后台嵌入AI智能识别技术，可自动识别现场工人的不安全行为，包括未穿戴反光衣、未佩戴安全帽等，方便安全管理人员对施工现场进行安全管理。

针对高温热源，现场架设热成像监控，并利用AI技术对现场地段进行24小时不间断自动巡检；对高温热源及时发出警报，大幅度减小火灾风险。

此外，本项目采用VR安全培训设备，模拟7大类安全事故类型，使工人"亲身经

图7.3-6　智慧工地视频监控系统

历"工程建设中的火灾、电击、坍塌、机械事故、高空坠落等几十项安全事故，从而增强工人的安全意识。

2）数字人民币"建筑安全之星"管理系统

为贯彻"安全第一、预防为主、综合治理"的方针，深化提升项目人员的安全意识，后勤部信息化组以数字人民币为载体，研发上线"建筑安全之星"小程序。期望通过科技与现场相结合提升项目安全管理水平，彰显科技赋能于安全，迈向打造全国首个融合数字人民币的安全工地新征程。

"建筑安全之星"系统通过数字货币技术结合安全管理理念，以发放安全奖励福利为应用场景，可系统地提升全员安全意识，营造不麻痹、无侥幸、落实处的安全文化氛围。

"建筑安全之星"系统是一款将传统安全管理办法进行整合并统一进行系统化管理的平台。通过微信小程序，鼓励全员投身安全生产，解决了当前安全管理仅靠一方监管的弊端，进一步降低了安全监管风险，极大地提高了安全管理工作效率。该系统主要围绕两类安全场景进行应用，一是工友通过观看视频主动学习安全教育细则；二是管理人员通过日常管理过程归纳总结工友良好的安全行为，以此获得数字人民币奖励。工友获得数字人民币后可通过自动售卖终端直接消费，从而实现获取奖励到交易消费的快速闭环。

项目现场设置了9台可支持数字人民币支付的自动售卖终端"幸福驿站"。由原来传统的人工兑换转变为无人兑换模式，解决了兑换慢、交易难、距离远的问题。除此之外，通过系统可视化数据大屏可同步展现工友良好安全行为、安全之星个人风采、优秀部门以及项目管理人员常态化安全管控形象等各个板块（图7.3-7）。

由于项目现场工人人数众多，因此选择采用"信息化工具+大数据平台+可视化前端展示"的模式开展安全之星活动，并通过科技化系统管理，提高整体安全管理效率，从而切实共同维护安全施工环境。同时，通过施工现场有效协同管理人员、分包方、工

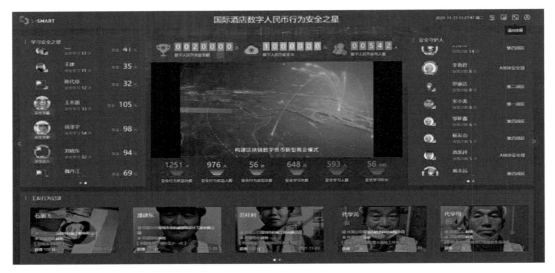

图7.3-7 "建筑安全之星"可视化数据大屏

人，互相监督安全行为，让危险无处可躲。

"建筑安全之星"小程序通过定期评选"行为安全之星"和"学习安全之星"，将安全文化渗透到每一位建设者的思想意识中，变说教为引导、转处罚为奖励、化被动安全为主动安全。

3. 进度管理

通过每日统计的进度信息与BIM模型的集成，结合物资管理系统，可实现对模块化装配式建筑和钢结构建筑的总体施工进度及单个楼栋施工进度的可视化管理；利用项目与平台的连接，可在集成平台实时、直观地反馈项目施工进度情况。进度管理系统如图7.3-8所示。

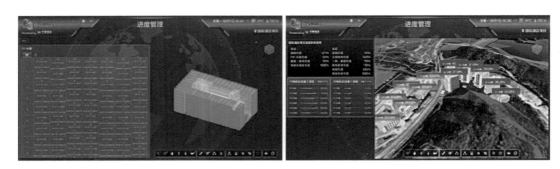

图7.3-8 进度管理系统

（1）钢结构装配式构件制作跟踪。项目的钢结构制造安装采用了EPC总承包单位研发的钢结构全生命周期管理平台进行管理，对每一批次每一构件的各个工序通过扫码进行管控；通过数据报表和统计图表，可实时查看当时的制造安装完成情况。

（2）模块化箱体制作跟踪。项目设计了可视化楼层箱体地图，通过扫码跟踪每一个箱体的结构箱完成、装修完成、运输完成、到达现场、安装完成这几个状态。另外还设计了数据模型，分析处于每种状态分别有多少个箱体、持续多长时间，以此来特别追踪和推进滞留的箱体施工。

（3）制作厂进度监控。钢构件和箱体在工厂制造期间，通过接入钢结构制造车间及外协厂箱体车间的视频监控，可在指挥中心实时查看车间内生产实况。

（4）构件运输跟踪。采用GPS定位箱体运输车辆，通过地图可视化展示运输车辆行驶路线、时间、速度等信息。

（5）现场进展监控。利用无人机全景漫游拍摄多点位全景照片，每半天更新一次，可使管理人员深入了解项目进度变化，便于对比项目进度，指导项目施工进度安排。此外，通过高精度无人机倾斜摄影实景模型，可实现在一个图层中同时对齐并显示GIS、无人机倾斜摄影相片、MESH模型与BIM模型。通过模型还可以直接进行结构长度、面积的测量，方便及时了解施工进度，进行施工进度的管理。

7.3.3 物资采购管理系统

1. Ⅰ标段

Ⅰ标段EPC总承包单位推行"招采平台"电子商务采购，平台具有四大优势：①线下流程线上化，减小纸质资料线下签字压力；②分供商线上集成化，便于招采人员及审计检查人员随时查阅相关单位资质情况，减小线下纸质资料归集压力；③线上报价透明化，分包报价保密性得到极大提高，保护分供商权益；④定标数据集成化，对分包报价数据可以实现平台自动归集和分析，为减小线下数据归集压力提供可能。

EPC单位采用"云筑"线上采购管理系统与业财一体化、驾驶舱系统有效联动，实现了项目物资采购计划、采购订单、到货验收、材料入库、领料出库、采购结算、物资付款的采购全流程上线，以及项目物资采购全生命周期的规范化和可视化。如图7.3-9所示。

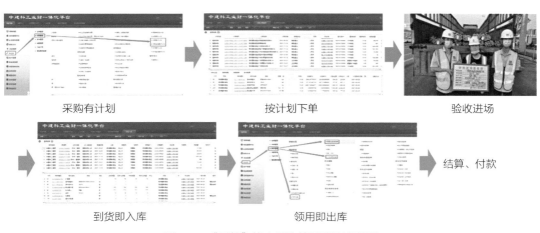

采购有计划　　　　　　按计划下单　　　　　　验收进场

到货即入库　　　　　　领用即出库　　　　　　结算、付款

图7.3-9 "云筑"线上采购管理系统流程图

（1）采购有计划：项目每月初根据工期计划及施工组织设计提前进行本月计划梳理，提前进行物资储备，做到"手中有粮心中不慌"。同时，月中根据现场实际需求进行月度采购追加，以应对突发情况。

（2）按计划下单：根据采购计划优先选用集采优质供应商，做到上午下单下午到货、下午下单晚上到货、晚上下单次日早上到货，为现场施工提供鼎力支持。以集采供应为主的同时，使用优选零散供应商供应集采合同外零星物资，确保现场采购物资能够及时、完整地供应到现场。

（3）验收进场：贯彻进场物资先验收后进场的原则，对于无验收及验收不合格物品严禁入场，确保所有进场物资均满足建设单位要求。

（4）到货即入库：采购物资经多部门验收合格后立即进行入库录入，确保每一个采购物资及时登记至信息库中。

（5）领用即出库：根据领用物资分类，严格按照公司出库管理制度进行普通材料出库、限额领料出库、分包领用出库，确保每一个采购物资进出有迹可循。

（6）结算、付款：每月按时进行采购入账结算及付款，确保供应商持续高效履约的同时，让公司清楚每项物资采购资金的去向。

2. Ⅱ标段

Ⅱ标段EPC总承包单位结合项目特点与国际建筑企业的供应链管理理念，以订单采购模式和中央集中采购模式为核心，运用互联网、物联网、云计算、云存储等信息技术，开发了基于供应链理论的国际建筑企业物资管理系统，实现了业务全流程数据的高度共享；打破了传统模式下项目间的信息壁垒，实现了项目间和业务流程间的数据纵横向流通共享；平台通过内置算法和对数据的准确分析，实现了智慧化台账及库存管理以及对大宗材料价格的预测分析，为企业管理者制定决策提供了重要的参考依据。系统功能框架如图7.3-10所示。

（1）物资申请：系统实现了物资采购全流程线上操作，大大提升了效率，规范了申请流程。同时能做到过程记录，实现痕迹管理。

（2）合约管理：根据国际采购经验探索出两层五类可调控物资采购模型，将物资合约分为协议层和合约层，满足了集中采购的需要、单独采购的需求，以及合约延续期间对物资的采购数量和采购单价的调整需求。

（3）合约超额控制：物资部制定合约时，可限定超额付款（收款）比例，对地盘材料的使用进行监管和预警，加强管理，减少损耗。

（4）流程关联查询：任何一项物资材料从申请、采购、送货、付办、领用都要经过一整套完整的流程，中间的各类单据是上下关联的，为此系统新增了单据联查功能，加强了痕迹管理，提高了物资管理的可追溯性。

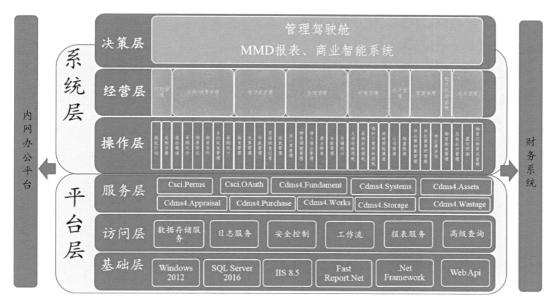

图7.3-10　系统功能框架

（5）物资收付款办理：系统可以自动生成收付款办理单，大幅节省做单时间，减小人手录入的出错概率，也提高了收付款办理效率。此外，系统还会实时更新单据办理进程，有利于促进公司和供应商的良好合作。

（6）智慧台账及库存管理：系统可自动抓取申请表、合约、送货单等单据信息，自动生成台账，并且依据台账自动计算库存，实时更新，提高库存管理准确性，减少工作量并提高仓库管理的水平。

（7）资料管理：系统为管理人员提供了定点物资查询功能，方便管理人员查看。系统融合电子档案管理系统（CCMS），实现所有过程文件的云端存储，避免了纸质档案遗失风险。

（8）材料管理：系统集成了物资采购和到货流程管理模块，显著提高了各项材料损耗率的计算效率以及数据的真实性。系统借助内置算法，可以快速地生成出最新的材料损耗率并同步生成对应的损耗计算表，为材料损耗管理提供结论和过程两类数据。

（9）智慧报表（材料月报表）：通过全流程的线上整合，系统不仅实现了单据在线填报，同时可以提取已完成单据的信息自动生成台账和各类报表，充分挖掘数据价值，提供决策依据。

（10）在线审批：流程管理系统可于PC端和移动端进行访问，极大地减少了环境条件对于审批速率的限制。

（11）二维码签收：在最大限度实现管理业务线及痕迹操作和保存的同时，系统也充分地考虑到业务往来企业对于纸质单据的需求，保证了线上流程与线下流程的连续性。通过平台生成的纸质表格会被自动匹配唯一的身份二维码，在完成相关线下流程后，使用二维码扫描器扫描付办单完成签收，即时生成签收记录，简便、快捷，最大限度地保证了系统的规范性。

（12）现场管理：平台提供了现场管理模块，可利用移动互联网技术在施工现场进行物资的现场管理工作。模块设计了离线存储功能，在网络环境不佳时，事件记录可通过模块APP自动存储至手机中。

7.4 可视化进度管理及应用

7.4.1 网络计划图

通过网络计划图抓住"E、P、C"管理的三条主线，分别为设计关键节点、材料设备招采关键节点和施工关键节点，通过管住节点间的跨线协调、控制一级节点及里程碑的时间，来整体把控项目的整体进度。如图7.4-1所示。

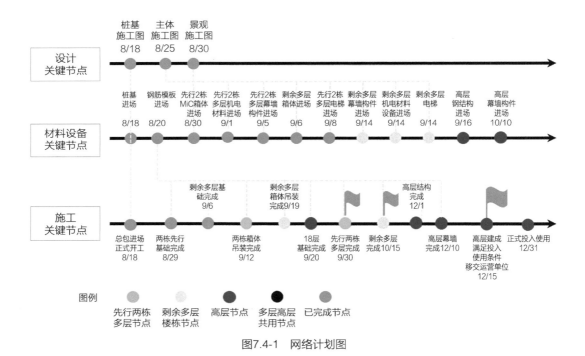

图7.4-1 网络计划图

7.4.2 进度计划甘特图

在网络计划图管控一级节点的基础上，通过进度计划甘特图管理项目进度的二、三级节点，把控关键线路（图7.4-2）。在本项目Ⅱ标段，甘特图可与智慧工地短期进度管理系统1.0互相关联。

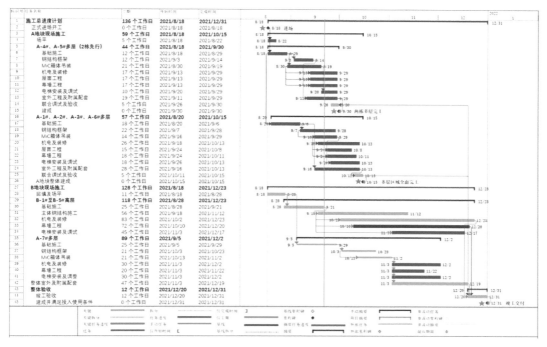

图7.4-2　进度计划甘特图

7.4.3 工程进度矩阵图

本项目在进度管理中创新使用了一种集成"作业面—工序—工程量"的建筑工程进度矩阵图（图7.4-3）。该图能够直观地反映某个时点下，建筑工程各工作面上各工序完成状态，适用于以重复性工序为主、部分工序逻辑关系固定、易于划分工作面的高层建筑项目或多单元构成的住宅、公寓、酒店、医院等项目，能够加强进度管理、投资管理等方面的管理力度，提升管理效率。

工程进度矩阵图是某个时点下，建筑工程的各个空间工作面上各道工序完成工程量的统计图表，以横坐标表示分部工程及工序，以纵坐标表示空间作业面，横纵坐标交汇点填写该作业面上该工序的累计完成工程量；分别以红、黄、绿三种底色体现该作业面工序的进度情况，绿色表示该工序已完成，黄色表示正在进行中且进度正常可控，红色表示进度滞后需采取纠偏措施。

工程进度矩阵图可细致地展现各项工程的进度"横断面"，包括作业面、工人配置、工作内容、工程量完成和进度状态等，并支持各级管理，可直接反馈现场一线的情况。工程进度矩形图的核心功能主要是通过定期核量形成高度集成化的信息，并以直观的方式呈现，供决策者和管理者研判项目形象进度进展情况，实现对工程进度的有效管理。

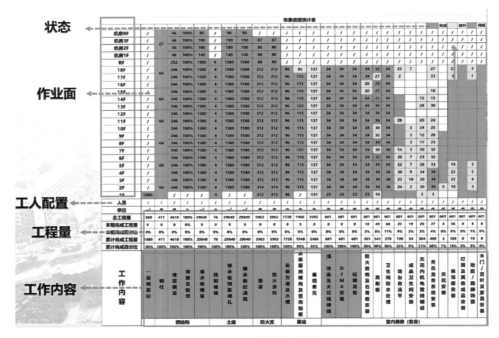

图7.4-3　工程进度矩阵图

7.4.4 形象进度曲线

形象进度曲线法可有效地应用于施工进度管理（图7.4-4）。项目施工期间，通过编制每栋楼的计划投资完成曲线，将每天现场实际统计的完成工作量转化为每日已完成的投资，统一数据口径，每天进行对比分析，从投资的角度反映现场的施工进展情况，为项目组采取措施和调集资源提供技术参考。同时，通过统计每天现场人力投入情况，将人力资源投入和每日产值效果进行分析，得出人力资源投入和劳动产出比，为人工降效分析提供数据基础。

通过形象进度曲线表明，建筑工业化更早地在空间、时间上实现了工序穿插以及工效提升。

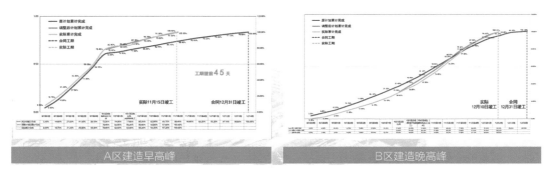

图7.4-4　形象进度曲线示意图

第8章
绿色建造

8.1 绿色宜居的建筑设计

8.1.1 低碳宜居的建筑设计

本项目在整体设计上，以低碳宜居为出发点，处处彰显人文关怀，体现了以人为本、天人合一的工程哲学。方案设计遵循绿色发展理念"形式追随功能"，立面设计简约而不简单，处理手法以人性化功能为主。图元化的单元式幕墙既满足高品质的快速建造需求，又满足美学需求，体现了滨海城市特色；图元化的实体与玻璃结合设计，减小了立面玻璃面积，最大限度地降低运营能耗。

8.1.2 健康舒适的居住体验

本项目在设计时通过各类物理模拟进行性能化设计，采用一体化装修，选用绿色建材，从规划布局、景观设计、采光与新风等方面着手打造健康舒适的居住体验。

整个建筑规划布局满足日照标准要求，保证了居住舒适性；建筑外立面采用减少光污染措施，玻璃幕墙的可见光反射比满足规范要求；建筑内外均设置便于识别和使用的标识系统。

整体景观设计遵循快速建造、分区设计、隔离防疫、平战转换的原则。酒店景观环境充分考虑隔离人员心理需求，引入大量绿植景观，在视觉上弱化区域划分感，营造自然疗愈的景观氛围；园区采用消毒杀菌、净化空气的树种，构建保健型植物群落，促进隔离人员的身心健康；此外，植被以速生植物为主，快速营造效果，便于后期运营管理与改造（图8.1-1）。

房间内环境控制通过设计可开启外窗保证自然通风。房间具有现场独立控制的热环境调节装置，围护结构内表面温度满足标准要求。酒店（含宿舍）采用集中新风系统，设初效过滤器，新风经热湿处理后送入室内。不同清洁区域的空调、通风系统独立设置，避免空气途径的交叉感染。客房地板采用隔声设计，有效降低楼板撞击声压级。

图8.1-1　整体景观设计理念

8.1.3 节能低碳的宜居生活

本项目在设计时采用绿色节能技术，在系统和设备选型等方面采用相应的措施，降低运行期间的能耗，实现节能低碳。

（1）节能：提升围护结构热工性能，降低运行阶段能耗。外墙采用全单元式幕墙体系，传热系数小于3.0W/（m²·K），玻璃采用6+1.52PVB+6Low-E+12A+8，遮阳系数（SC）为0.223，较国家建筑节能设计的规定提高10%以上，降低了运行能耗。

（2）节材：应用可再循环材料，钢板、型钢、钢筋选用高强材料。Ⅰ标段项目的可循环材料比例达15%，可再循环材料利用率高，最大限度地节约了材料用量。

（3）建筑装修：选用工业化内装部品，建筑所有区域实施土建工程与装修工程一体化设计及施工。

（4）智能化管理系统：设置能源管理系统对建筑能耗进行监测、数据分析和管理；设置用水量远传计量系统，分类、分级记录、统计分析各种用水情况；设置建筑设备自动监控管理系统，实现智慧运行。

8.2 节能环保的建造方式

8.2.1 系统化的绿色建造管理

本项目采用系统化的绿色建造管理理念，贯穿于从立项初期到建筑设计，到施工建造，再到最后运营的全部阶段，以期在"碳达峰""碳中和"的目标背景下探索建筑业的绿色发展之路。

项目运用绿色施工管理体系，建立了绿色建筑施工组织体系以及严格的管理制度，通过把整体施工任务分解到组织体系的管理结构，使各参建方有序、规范地投入绿色建筑施工中。项目对绿色施工全过程进行规划管理，通过编制整体实施方案和绿色施工方案，对施工过程进行规范。编制实施方案时，从全局出发，对工程建设参与的各个单位进行全局考虑并把绿色施工的思想融入规划中。项目在施工准备阶段提前做好了驻地建设，为施工人员提供方便、健康的工作环境。现场结合项目特点，对绿色施工的内容进行了集中宣传和教育，帮助项目参与人员明确绿色施工的要点。施工器械尽量采用以电力、新能源为动力的设备，同时，施工现场通过围挡、洒水降尘、道路硬化等进行扬尘控制。在人员的关怀方面，现场还设置有劳动者驿站等设施，以提高施工人员的工作和生活质量。

8.2.2 集成化的绿色建造技术

项目采用的模块化集成箱体技术是新型的绿色建造技术，其优势体现为：具有高度工业化、集成化的特点，可实现90%以上的部品化率，使结构、装修、设备一体化；工厂生产时材料浪费减少约25%，现场施工的建筑废料、噪声、粉尘等污染显著降低；变高空作业为平面流水作业，提升效率和品质；现场施工和工厂生产同步进行，项目工期缩减50%以上；安装便捷，可根据需求灵活拼装，也可拆卸二次利用。

1. 节材与材料资源利用技术

（1）高分子自粘胶膜防水卷材：无功能地下室底板防水采用高分子自粘胶膜防水卷材，可节省材料，减少施工工序，缩短工期，易于修补。

（2）单元式幕墙：外立面大部分采用插接式单元式幕墙，场外加工，减少材料浪费；装配化施工，减少焊接量，加大幕墙使用周期。

（3）盘扣式支撑架：变电站等混凝土框架结构模板支撑采用盘扣式支撑架，与其他支撑体系相比，搭拆工效高、材料损耗低，在同等荷载情况下，材料可以节省1/3左右。

（4）免支模钢筋桁架楼承板：钢框架结构主体楼板采用钢筋桁架式组合楼承板，节材、环保，可免去大量临时性模板；钢筋绑扎方面，对比常规做法，降低钢筋损耗约0.3%。

2．节水与水资源利用技术

（1）混凝土养护节水：混凝土使用薄膜覆盖养护替代传统洒水养护，薄膜的保水效果显著，可周转使用，提高了混凝土的早期强度，缩短了养护周期，大大节约了水资源。

（2）其他节水技术：施工现场喷洒路面、绿化浇灌采用节水型喷灌设备；现场机具、设备、车辆冲洗用水设立循环用水装置；施工现场办公区、生活区的生活用水、项目临时用水使用节水型产品，安装计量装置，采取针对性的节水措施。

3．节能与能源利用技术

（1）变频节能机械设备的应用：施工中采用带变频技术的节能施工设备，如变频塔式起重机及施工升降机、变频衡压消防水泵等。此外，采用效能高的其他设备，如高效逆变式电焊机、高效手持电动工具等。

（2）其他节能技术应用：施工现场采用LED节能灯带替代传统照明，办公生活区采用低压LED照明产品，具有高效、省电、寿命长、无辐射、节能、环保、冷发光等特点。

4．节地与施工用地保护技术

（1）施工总平面合理布置：施工现场布置实施动态管理，根据工程进度分阶段对平面进行调整。总平面布置做到科学、合理，充分利用原有建筑物、构筑物、道路、管线为施工服务。施工现场仓库、作业棚、材料堆场等的布置，尽量靠近已有交通线路或即将修建的正式或临时交通线路，以缩短运输距离。

（2）临时用地保护：对场地平整及土方开挖施工方案进行优化，依据施工现场地势等情况，按照挖填土方均衡的原则，尽量减少土方开挖、外运及回填等工作量，最大限度地减少对土地的扰动，保护周边自然生态环境。

5．环境保护技术

通过综合利用透水铺装、绿色屋顶、下沉式绿地、雨水花园、雨水收集回收利用设施等措施，本项目场地径流系数达0.66，实现年径流总量控制率58%的目标。具体实施措施如下。

（1）透水铺装：道路广场部分区域采用透水铺装，按照铺装材料可分为砂基透水砖铺装、透水水泥混凝土铺装、透水沥青混凝土铺装、嵌草砖等。相较于普通铺装路面，透水铺装透水效率高，表面光滑致密，外表美观，可有效地去除下渗雨水中的SS（水中悬浮物），去除率达到95%以上。

（2）下沉式绿地：下沉式绿地的下沉深度应根据植物耐淹性能和土壤渗透能力确定，一般为100～200mm；下沉式绿地内一般应设置溢流口（如雨水口），保证暴雨时径流的溢流排放，溢流口顶部标高一般应高于绿地50～100mm。

（3）裸露地表覆盖：对于现场未进行硬化、未覆绿的裸露土体拉设绿网进行覆盖。

8.3 减污降排的废弃物管理

8.3.1 减量目标——以打造行业标杆为方向

中国"双碳"目标的提出引发国内外高度关注。为更好地践行中国"双碳"目标、促进绿色发展，根据《建筑工程绿色施工评价标准》GB 50640—2010（注：该标准已于2024年更新）、《建筑垃圾处理技术标准》CJJ/T 134—2019和《施工现场建筑垃圾减量化指导手册（试行）》（建办质〔2020〕20号）等的要求，项目将建筑废弃物资源化、无害化等绿色及可持续发展理念贯穿整个设计及施工过程，在建造方式的选择、建筑废弃物的产生源头、产生后的分类处理处置、资源化回收利用等环节进行充分论证，在设计选材、工艺技术及配套、管理措施等方面贯彻绿色施工、绿色建造理念，实现减排目标。

通过制定建筑废弃物管理制度、实施减量化方案、提高废弃物处理技术水平，本项目现场建筑废弃物（不含渣土、泥浆）最终排放量不高于150t/万m²，比传统项目（600t/万m²）降低约75%，比国家建筑工程绿色施工评价标准（300t/万m²）降低约50%，比国家"十四五"装配式建筑废弃物排放目标要求（200t/万m²，不含渣土、泥浆）降低约25%。

8.3.2 总体策略——以"3R+三化"为准则

随着我国经济的飞速发展，建筑废弃物的排放量也与日俱增。为了降低建筑废弃物大量排放所带来的负面影响，不仅需要减少建造过程中建筑废弃物的产生和排放，还要对已产生的建筑废弃物实现资源再生利用，而这也是本项目的挑战之一。

本项目建筑废弃物减量化及综合利用总体策略，将遵循3R（Reduce，Reuse，Recycle）+三化（提高减量化、资源化、无害化水平）的准则，具体如图8.3-1所示。

其中，减量化（Reduce）是指通过适当的方法和手段尽可能减少废弃物的产生和污

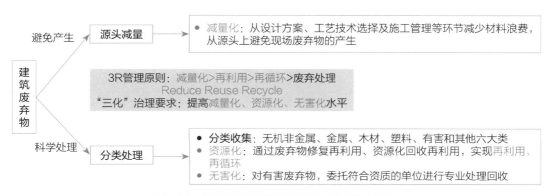

图8.3-1　建筑废弃物减量化及综合利用总体策略

染排放的过程，它是防止和减少污染最基础的途径；再利用（Reuse）是指尽可能多次以及尽可能多种方式地使用物品，以防止物品过早地成为垃圾；再循环（Recycle）是指把废弃物品返回工厂，作为原材料融入新产品生产之中。3R原则中各原则在循环经济中的重要性并不是并列的，按照1996年生效的德国《循环经济与废物管理法》，对待废物问题的优先顺序为避免产生（即减量化）、反复利用（即再利用）和最终处置（即再循环）。

项目遵循3R原则、循环经济理念，依次按减量化、再利用、再循环的优先级实施废弃物管理。首先，倡导从设计、施工的技术方案和管理措施出发，避免废弃物产生；其次，对现场废弃物按无机非金属、金属、木材、塑料、有害和其他这六类进行分类收集，采用修复再利用、资源化回收再利用技术实现再利用、再循环；对有害废弃物实行无害化专业处理。通过以上举措，达到"三化"治理要求。

8.3.3 技术路线——以源头减量化为主导

在项目前期设计阶段，积极采用最新装配式技术，如装配式模块化建筑、钢结构装配式建筑等，利用面向制造安装的设计DFMA理念，运用BIM设计方式，从设计端入手尽量采用工业化手段；同时，在加工和施工环节实行精细化管控，优先从源头上减少现场废弃物产生，从而达到减少建筑垃圾总量、节约资源、保护环境的目的。

1. 模块化集成建筑建造技术

本项目采用了模块化集成建筑建造技术，将工厂生产的独立组装合成组件（已完成饰面、装置及配件的组装工序）运送至工地，再装嵌成为建筑物。

模块化集成建筑技术的减量化设计体现在以下三个方面：①通过工厂预制化生产，使得80%以上的工序在工厂完成，废弃物由工厂集中处理，与现场施工相比可降低70%以上的建筑废弃物排放，从源头上避免了现场废弃物产生；②减少施工过程中约25%的材料浪费；③因为模块化集成建筑大部分构件均采用标准化连接，可重复拆卸再利用，构件二次使用率均在90%以上。

2. 装配式钢结构加工技术

在工厂对钢结构进行集中化、机械化加工，不仅可以避免传统结构现场产生的钢筋、模板、混凝土废料，还可以同步降低原材料加工的损耗率。而所使用的主要原材料——钢材属于可回收绿色建材，再利用率高达90%。

3. 装配式装修技术

通过快装墙面系统、轻质隔墙系统、集成吊顶系统、架空地面系统、快装地面系统、快装给水系统、薄法排水系统、集成卫浴系统、集成门窗系统等装配式装修技术，实现了管线与结构的分离，减少了装修质量通病，摆脱对传统手工艺的依赖，提高了装修施工效率，降低了用工需求，在工艺上避免产生建筑废弃物（图8.3-2）。

图8.3-2 装配式装修技术

4. BIM辅助设计和施工技术

应用BIM+VR、BIM+AR等BIM+系列智能建造技术，对主体结构、机电安装、装饰装修等工程进行深化设计和辅助施工，以达到最小或最优的材料投入量，提高工厂生产和现场施工的精度。

利用智能工厂和智慧工地，可显著提升加工和安装精度，减少错漏碰撞、拆改返工等现象，可降低材料损耗20%以上。以18层钢结构建筑为例，设计组建立了钢结构BIM模型，利用模型导出钢构件排版及下料图，保障每块钢板利用率不低于90%，从而最大化地利用原材料。

5. 标准化临建设施循环利用技术

对临时建筑（如项目办公楼、模块化展厅、箱式板房、钢结构装配式围墙等）多使用模块化临建、集成化展厅、箱式板房、钢结构装配式围墙等临建产品。这些产品采用标准化设计和建造，具有快速拆装、运输方便、循环使用的特点，可显著减少建造和拆除废弃物，实现循环经济。

6. 路基箱应用技术

临时道路采用钢结构骨架的路基箱。一方面，钢板路基箱是可持续产品，钢板使用后，经过维护、修复可重复利用，达到使用年限后还可回收再利用，减小能源的消耗率；另一方面，减少混凝土临时道路，可降低对混凝土原材料的需求，进而减少建筑垃圾。

8.3.4 管理措施——以系统化管理为保障

1. 建筑废弃物来源及处理措施

基于霍尔三维结构的建筑垃圾现场分类标准对建筑废弃物的"五分法"，本项目在不同施工阶段，分析主要潜在建筑废弃物的来源，并根据材料的特性不同，将其分为无机非金属、金属、木材、塑料、有害和其他六大类，结合物料管理预估产废量，制定针对性的处理措施，如表8.3-1所示。

不同施工阶段潜在建筑废弃物来源及处理措施　　　　表8.3-1

阶段	分类	材料名称	处理措施
地基基础阶段	无机非金属类	渣土	回填利用
		混凝土桩头	破碎路基垫层
		泥浆	干化后再利用
	金属类	钢筋、铁丝、角钢、型钢、废螺杆	现场再利用+专业回收利用
		废电箱、废锯片、废钻头、焊条头、废钉子、破损围挡、废消防箱	专业回收利用
	木材类	模板、木方	现场再利用
	塑料类	塑料包装、苯板条、防水卷材	专业回收利用
	有害类	废电池、废柴油等	专业回收处理
主体结构阶段	无机非金属类	混凝土	资源化再生利用
		砖石、碎砖	资源化再生利用
		灌浆料	资源化再生利用
	金属类	钢筋、钢管（焊接、SC、无缝）、铁丝、角钢、型钢、金属支架	现场再利用+专业回收利用
		废锯片、废钻头、焊条头、废钉子	专业回收利用
	木材类	木制包装、纸质包装	专业回收利用
	塑料类	塑料包装、废胶带、防水卷材、废毛刷、安全网、塑料薄膜、编织袋	专业回收利用
	有害类	废电池、废柴油、涂料等	专业回收处理
	其他类	岩棉等	集中处理

阶段	分类	材料名称	处理措施
机电装修阶段	无机非金属类	瓷砖边角料、石材边角料、碎砖、损坏的洁具、损坏的井盖（混凝土类）	资源化再生利用
		油漆、玻璃、腻子	废品站集中处理
	金属类	电线、电缆、信号线头、铁丝、角钢、型钢、涂料金属桶、金属支架	专业处理厂价值回收
		废锯片、废钻头、废钉子	专业处理厂价值回收
	木材类	竹木纤维、木制包装	专业处理厂价值回收
	塑料类	废消防水带、编织袋、机电管材	专业处理厂价值回收
	有害类	废电池、涂料、乳胶漆、玻璃胶、结构胶、密封胶、发泡胶、油漆等	专业回收处理
	其他类	石膏板、油漆桶等	废品站集中处理

2. 建筑废弃物综合管理和利用

工程建设中，在保证质量、安全等基本要求的前提下，通过科学管理和技术创新，采取最大限度地节约资源与减少对环境负面影响的施工活动，有利于实现"四节一环保"（节能、节地、节水、节材和环境保护）。具体措施如下。

（1）加强建筑施工的组织和管理工作，提高建筑施工管理水平，减少因施工质量原因造成返工而使建筑材料浪费及垃圾大量产生的现象。加强现场管理，做好施工中的每一个环节，提高施工质量，有效地减少垃圾的产生。

（2）加强现场施工人员的环保意识。对于施工现场的许多建筑垃圾，如果施工人员多加注意就可以大大减少产生量，例如落地灰、多余的砂浆、混凝土、三分头砖等。在施工中做到工完场清，多余材料及时回收再利用，不仅利于环境保护，还可以减少材料浪费，节约费用。

（3）推广新的施工技术，避免建筑材料在运输、储存、安装时的损伤和破坏所导致的建筑垃圾；提高结构的施工精度，避免凿除或修补而产生的垃圾；避免不必要的建筑产品包装。

3. 建筑废弃物开发和利用

（1）废桩头和渣土

对于地基工程中产生的废桩头进行破碎处理，将破碎后获得的碎骨料用于场区道路垫层，不仅可以实现工程渣土的资源化再利用，减少对生态环境的影响，还能较好地解决回填土料远距离运输的困难，在一定程度上可以降低施工成本。

对于工程渣土，可根据地质情况、开挖回填方案及项目进度计划，精确计算场地挖方和填方量，将前期地下室开挖土方用于场平，无须外运，并减少后期室外工程土方回填量。

（2）废弃混凝土等无机非金属废弃物

将废弃混凝土、废砖等无机非金属废弃物破碎处理至目标粒径范围的再生骨料，可作为粗骨料用于路基垫层等，也可以替代天然砂石骨料用于生产混凝土、砂浆等，还可通过压实、养活形成水泥稳定碎石层（简称水稳层）。

将破碎得到的骨料进行筛分、颗粒整形、超细粉磨、压制成型等工艺技术处理，利用粉煤灰、煤渣、煤矸石、尾矿渣、化工渣或者天然砂、海涂泥等一种或多种工程垃圾作为主要原料，还可以制备再生免烧砖、ALC轻质再生板、无机人造石、预制构件、路基材料等水泥制再生建材产品（图8.3-3）。

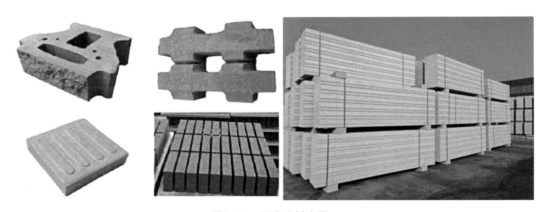

图8.3-3　再生建材产品

（3）金属类废弃物

对于废钢材、废钢筋、钢渣、废铁丝、废电线等金属类废弃物，可集中打包送至专业的加工厂，回炉提炼高强度钢材。

（4）木材类废弃物

对于木模板和木方等木材类废弃物，可利用修复技术增加其可循环利用周期；对无法修复的废旧木材，可集中送至回收厂作为造纸原料或用于纤维板、人造木材等。

（5）塑料类废弃物

对于塑料类废弃物，可集中送到专业的加工厂，用作再生料、燃料等。

（6）有害类和其他类废弃物

对于有害类废弃物，可送至专业处理机构进行无害化处理。对于其他类废弃物，可集中运送至废弃物回收厂。

8.3.5 减量效果——集成模块化技术打造减量标杆

减量是指减少建筑废弃物的排放量。其测算方法为：以Ⅱ标段为例，根据本项目各种材料的用量，结合工程量消耗定额和对项目实际情况的分析，确定材料损耗率，进而测算废弃物产生量，进一步结合各类废弃物回收利用技术等估计其回收利用率，从而计算出最终排放量（表8.3-2、表8.3-3）。

A区和B区建筑废弃物预估排放量　　　　　　　表8.3-2

区域	原材料名称	用量（t）	损耗率（%）	产生量（t）	回收利用率（%）	最终排放量（t）
A区	钢筋	1251	2.5	31.275	95	1.56
	钢构件（焊渣）	3224	0.1	3.224	95	0.16
	混凝土	37383	2	747.66	85	112.15
	砂浆	2340	2	46.8	85	7.02
	砂、碎石、种植土	3354	7	234.78	85	35.22
	混凝土制品（含管桩）	10960	1	109.6	90	10.96
	无机墙板	1270	5	63.5	50	31.75
	金属面板	268	4	10.72	90	1.07
	木模板	45	30	13.5	90	1.35
	涂料/胶	794	5	39.7	40	23.82
	墙面保温材料	319	5	15.95	35	10.37
	其他（含包材）	100	5	5	20	4.00
B区	钢筋	19032	2.5	475.8	95	23.79
	钢构件（焊渣）	16054	0.1	16.054	95	0.80
	混凝土	620369	2	12407.38	85	1861.11
	砂浆	38952	2	779.04	85	116.86
	砂、碎石、种植土	65885	7	4611.95	85	691.79
	无机墙板	21236	5	1061.8	50	530.90
	金属面板	2572	4	102.88	90	10.29
	木模板	1816	30	544.8	90	54.48
	涂料/胶	4585	5	229.25	40	137.55
	墙面保温材料	3063	5	153.15	35	99.55
	其他（含包材）	200	5	10	20	8.00

原材料名称	A区预估排放量 （t）	B区预估排放量 （t）	项目总体预估排放量 （t）	排放量占比 （%）
钢筋	1.56	23.79	25.35	0.67
钢构件（焊渣）	0.16	0.80	0.96	0.03
混凝土	112.15	1861.11	1973.26	52.28
砂浆	7.02	116.86	123.88	3.28
砂、碎石、种植土	35.22	691.79	727.01	19.26
混凝土制品	10.96	—	10.96	0.29
无机墙板	31.75	530.90	562.65	14.91
金属面板	1.07	10.29	11.36	0.30
木模板	1.35	54.48	55.83	1.48
涂料/胶	23.82	137.55	161.37	4.28
墙面保温材料	10.37	99.55	109.92	2.91
其他（含包材）	4.00	8.00	12.00	0.32
合计	239.4	3535.1	3774.5	100.00

综合本项目两标段数据，项目建筑废弃物总体排放水平为148.09t/万m²（其中Ⅰ标段为146.79t/万m²，Ⅱ标段为149.78t/万m²），排放量为传统项目（600t/万m²）的24.68%、国家建筑工程绿色施工评价标准（300t/万m²）的49.36%、国家"十四五"装配式建筑废弃物排放目标要求（200t/万m²）的74.05%。多层楼栋中排放量最低的是在Ⅱ标段项目（30.88t/万m²），仅为传统项目的5.15%、国家建筑工程绿色施工评价标准的10.29%、国家"十四五"装配式建筑废弃物排放目标要求的15.44%；高层楼栋中排放量最低的是会展项目（162.47t/万m²），为传统项目的27.08%、国家建筑工程绿色施工评价标准的54.16%、国家"十四五"装配式建筑废弃物排放目标要求的81.24%。

第9章
防疫建造

9.1 平战结合的建筑设计（Ⅰ标段）

建筑设计严格遵循所在市卫生健康委员会防疫组、院感防治专家组的意见，从规划到单体、从室外到室内，按照"洁污分区"的基本原则进行空间和流线组织，实现了分区明确、流线清晰。在设计上坚持以人为本，以用户体验为中心，弱化防疫体验，积极创造宜居的、人性化的住宿氛围。

9.1.1 整体规划

1. 功能分区

规划上依据防疫标准进行严格的功能分区，按高风险区和低风险区，通过组团式设计，合理划分。以多层酒店南侧道路为界，北边多层酒店和高层酒店、洗衣房、垃圾房等配套用房为高风险区，南侧宿舍、办公、食堂、水泵房为低风险区。如图9.1-1所示。

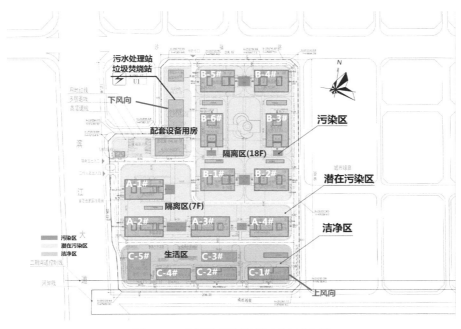

图9.1-1　Ⅰ标段项目总平面及功能分析

2．流线分析

园区内流线清晰，可实现"洁污分流"（图9.1-2）。在用地西侧分别设隔离区出入口和服务区出入口。

（1）隔离人员流线：隔离人员乘坐大巴通过隔离区入口进入，车辆沿隔离区内部环线将隔离人员送至各栋酒店大堂入口落客区，按规定时间落客后，经过入口雨篷进入酒店大堂。大巴送客后离场需先到车辆洗消区进行洗消，然后从隔离区出入口离开。

（2）服务人员及物资运输流线：服务人员车辆通过服务区入口进入，沿内部独立道路进入生活区。服务人员沿指定路线进入隔离区，到达每栋酒店的服务人员专用出入口。

（3）污物流线：污物集中收纳并经处理后由污物出口运出。

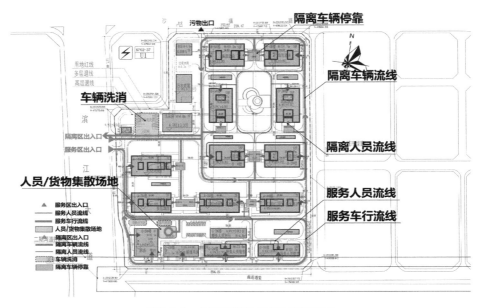

图9.1-2　Ⅰ标段项目交通及流线分析

3．服务配套

为完善综合医疗保障的相关功能需求设计，市卫生健康委员会派出专家组，协助完成了两个地块的综合门诊部及健康诊疗区的平面功能设计。综合门诊部主要满足隔离人员在酒店居住期间应急的基本医疗需求。综合门诊部位于A1栋，建成后由市卫生健康委员会派驻医院运营管理。健康诊疗区主要满足医护人员办公需求，包含心理咨询室，可通过电话或视频实现隔离人员的心理咨询。健康诊疗区设置于工作人员生活区A5栋宿舍首层，建筑面积约500m²，建成后由市卫生健康委员会派驻医院运营管理。

4．平战结合

本项目根据建设单位"建成后尽量少改动为第一原则的需要，统筹做好'平战'功能转换衔接"的要求，多层模块化酒店按照"未来作为青年旅社"的要求来建造，高层酒店按照未来作为三星级酒店的要求来建造。

酒店造型设计采用简洁的都市风格设计语言，以蜂窝铝板及Low-E双银夹胶玻璃打造现代风格的单元式幕墙立面形式，符合滨海会展片区高端形象展示定位，可直接作为商业酒店外观展示面，避免以后平疫转换时为提升建筑形象而带来的大面积外墙拆改。

客房空调、通风系统按单间模块化设计，各房间相对独立，套房改造时无须调整空调通风系统。服务于客房的新风机组及排风机均采用变频机型，可实现由隔离房间（微负压）向普通客房（微正压）的快速转换。高层酒店客房及公共区域的空调、通风系统均按照竖向高、中、低分区设置，既满足防疫期间分区通风要求，又满足疫情后运营灵活使用，在淡季时可仅启动1个或2个分区，节约能耗。客房设计兼顾多功能使用需求布置电气控制点位，实现后期单、双床无缝转换。

利用模块化建筑可拆卸、可重复利用的特点，本项目多层模块化建筑未来考虑拆除个别楼栋，异地重建，用于临时宿舍、临时安置等，提高其社会效益。拆除后的地块用于酒店配套设施建设，以提高酒店整体服务水平。高层酒店在设计时充分考虑疫情后运营需求，第2层的梁板采用易拆卸设计，可直接拆除，提升通高空间，满足商业酒店的会议、餐饮、娱乐等功能要求。

9.1.2 单体设计

1. 功能分区

多层酒店标准层设置37个房间，高层酒店标准层设置34个房间。每栋楼均为独立防疫隔离单元，在首层大堂设置卫生通过区（高层酒店在7层、13层增加卫生通过区），按照"三区两通道"（清洁区、半污染区、污染区、污染通道、洁净通道）布置。

2. 流线分析

1）酒店入场设计流线分析

（1）隔离人员流线：隔离人员进入大堂，在大堂登记窗口登记，登记窗口采用封闭玻璃隔断的方式进行物理隔离，隔断区域内根据院感标准考虑空调设计。登记完成后，将人员分配到各个房间。

（2）服务人员流线：服务人员由服务区入口进入，经过首层卫生通过区（高层酒店在7层、13层增加卫生通过区）更衣、穿衣、缓冲区后入场服务。

2）酒店出场设计流线分析

（1）隔离人员流线：隔离人员解除隔离后，需按规定时间、规定路线，通过隔离区客梯、大堂出场，避免流线交叉。

（2）服务人员流线：服务人员服务后通过隔离区客梯到达首层，经过卫生通过区一脱、二脱、淋浴、更衣后出场。

3. 设计基本原则

1）单体平面

以模块化及钢结构装配式为快速建设原则，确定每个房间单位尺寸为3.6m×9m，生成单体建筑平面。

2）建筑高度

综合考虑快建需求、经济性及建筑防火规范要求，多层酒店建筑高度控制在24m以内，层数为7层；高层酒店建筑高度控制在60m以内，层数为18层。

3）隔离人员房型设计

隔离酒店房型分为单人间、双人间及套间，分布于酒店低楼层（多层酒店1~3层，高层酒店1~7层），同时从人性化角度考虑，在每栋酒店首层设置无障碍房间。隔离人员原则上采用单人单间。双人间及套间适用对象为四类特殊人群（70周岁以上的老年人、14周岁以下的未成年人、孕产妇、患有基础性疾病不适宜单独隔离的人员）、三种特殊情形涉及人员（经心理医生评估具有自杀倾向人员、有既往突发疾病史的人员、经公安机关判定不适合单独居住的涉案人员）以及夫妻。

4）结构设计

基础形式优先采用快速施工的基础方案（预制桩、天然基础等）。主体结构采用高装配率的钢结构体系（高层）或全模块化建筑结构体系（多层）；按模数化的原则进行设计，结构构件优先采用定型的产品，方便大量、快速的采购及施工。本项目根据使用要求，按建筑标准化模数选择开间与进深（3.6m×9m），确保隔离房间的一致性，实现快速建造。内墙采用满足装配式体系的装配式隔墙系统（如轻钢龙骨集成隔墙）。

5）机电系统

根据快速建设原则，尽量采用快速装配式施工方式。平战转换之后仍可以作为酒店或宿舍系统使用，无须改造强弱电及给水排水系统。

6）空调系统

控制各区域的空气压力梯度，使气流按清洁区→缓冲区→走廊→隔离客房→隔离客房卫生间的顺序单向流动；不同清洁区域的空调、通风系统独立设置，避免空气途径的交叉感染。多层酒店走廊设置空调系统集中送新风，客房卫生间设分散机械排风；高层酒店走廊、客房均设集中送新风，客房卫生间设集中机械排风。空调新风设初效和中效过滤装置，经过热湿处理后送入室内；隔离客房的新风及排风支管均设定风量阀及电动密闭阀（开关型）；隔离客房走廊的新风支管设电动密闭阀（开关型）；设置新排风机集中监控管理系统。新风口远离排风口（或其他污染源）且新风口应在全年主要风向的上风侧，保证新风的清洁及不受病毒污染。卫生通过区设置空气消毒机；其他区域（含隔离客房）预留插座，根据风险等级设置壁挂式空气消毒机。

7）给水排水系统

生活水泵房独立设置；生活给水系统起端设置断流水箱防止回流污染。污水处理系统设置标准介于普通医院与传染病医院之间，即污废分流，污水经预消毒+化粪池处理后再与废水一同进行深化处理，二次消毒后排放至市政污水管网。尾气须消毒处理后排放。项目采用一体化污水处理设备，尽量选用成品，以满足快速建造要求；采用带过滤网的地漏，水封高度不小于50mm；采用洗脸盆排水向干区地漏存水弯进行补水，以防存水弯干涸。设置专用排水管收集空调冷凝水，污染区冷凝水间接排至废水系统后进行统一消毒处理。多层酒店采用容积式或即热式电热水器，高层酒店采用空气源热泵制备热水。

8）电气系统

负压保障系统的各类设备（排气扇、新风机等）、应急医疗的相关设施、病房及走廊等处的消杀设施、污水处理设备、消防设备、数据保障及支持系统（弱电系统）、生活水泵、排水泵、电梯、高层走道照明等用电须确保两路独立电源供电；其他设备可采用单路电源供电。为实现快速交付，项目均采用室外环网箱、室外变电站、室外箱式静音型柴油发电机组。标准隔离单元内电气设备与管线宜在工厂安装，预留好和现场设备对接的接口，接口应标准化。对于格局一致的功能区，其配电及电气设备选型、管线安装应做到标准化。房间内部利用吊顶和装配式墙体内部空间布置管线，减少电气与结构施工的交叉作业。电气管井（设备间）应设置于清洁区。除隔离病房外，配电箱宜设置于清洁区。酒店及宿舍的房间及走道等公共区域预留消毒装置供电电源，采用易于擦拭的带封闭外罩灯具，不得采用格栅灯具。灯具采用吸顶安装，其安装缝隙应采取可靠密封措施。公共区域可考虑设置感应式照明系统，减少触摸交叉感染。线槽及穿线管穿越污染区、半污染区及洁净区之间的界面时，隔墙缝隙及槽口、管口应采用不燃材料可靠密封，防止交叉感染。隔离病房内电气设备的所有管路、接线盒应采取可靠的密封措施。考虑到疫情结束后各场所功能的改变可能会导致用电量的变化，因此低压柜应预留适当的备用回路，电缆沟内预留空间，穿墙套管也应有所预留，以备将来的改造增容。为便于快速建造，对末端用电不设置计量系统，但宿舍标准层电箱应预留电表的安装空间以便于将来的改造。

9）智能化系统

智能化系统按常规酒店使用功能预留预埋，便于平战转换之后使用；增加隔离酒店相关智能化、数据化、科技化等科技抗疫设计。

10）综合门诊部

疫情期间，综合门诊部用于收治隔离人员、应急病人，由医院负责管理；平战转换之后可以作为社康中心或酒店医疗健康配套设施使用，由酒店管理。

11）无障碍设计

每栋酒店的入口处均设置无障碍坡道，建筑内部设置无障碍电梯，候梯厅深度满足无障碍设计要求。每栋酒店首层均设置无障碍客房。

9.1.3 人性化的室内环境设计

根据卫生健康委员会专家要求，酒店室内空间均采用光面平整、易消毒的材料，室内设计选用温暖木色风格，内窗开启宽度小于10cm。室内尽量无玻璃，无尖角家具，无可搬动家具，并留出足够的活动和锻炼空间。客房内全屋阳角均为倒圆角设计，防止潜在病患因体力衰弱或精神原因产生不必要的磕碰与伤害。

9.1.4 人性化防控标识设计

1. 建立以隔离防疫为主的酒店标识体系

（1）标准化设计：标识数字和符号命名系列化、标识色彩系列化，参考现有隔离防疫管理规定及酒店管理，形成相关标准。如表9.1-1所示。

标识系统命名及配色　　　　　　　　　　　　　表9.1-1

		人员分区	流程、区域	常规类标识（平）	服务类标识（疫）	安全管理类标识（疫）	
					疫情防控管理有关，提示提醒、功能类标识	疫情防控管理有关，提示提醒警告、功能类标识	
污染区	1.1	隔离人员入住流线（户外）	1. 园区入口隔离人员车辆专用通道地面标识 2. 落客区（行旅消杀、排队等候、安检、测体温）		●●	●●	
	1.2	隔离人员入住流线（室内）	1. 入住办理 2. 乘梯 3. 客房		●●	客间内 ●●	
	1.3	隔离人员退房离开流线	1. 乘梯 2. 退房手续办理 3. 离开、接送		●		
	2	服务人员（污染区）	1. 一更、二更 2. 一脱、二脱 3. 乘梯 4. 服务 5. 防疫制度、操作流程		●●	●●●	
半污染区	3	服务人员（半污染区）	1. 饮食、物品交接 2. 医疗废弃物垃圾清运处理 3. 布草清洗 4. 安保门卫 5. 防疫制度、操作流程		●●	●●●	●饮食、物品交接 ●布草、医疗废弃物
	4	服务人员（卫生通区）	1. 一更、二更 2. 一脱、二脱 3. 淋浴、卫生间		●●	●●●	
清洁区	5	服务人员（生活区）	1. 宿舍 2. 食厅 3. 管理用房、办公 4. 防疫制度、操作流程	●●	●●	●●●	

（2）一体化设计：室内外采用一体化设计，并参考现有防疫酒店、隔离设施、应急基本医疗设施、三星级酒店等场所。

2. 重点功能区域人流、物流标识专项深化设计

（1）酒店大堂门口区域及行为规范标识：包括大巴停靠、行李消杀、人员等候、货物交接等，如图9.1-3所示。

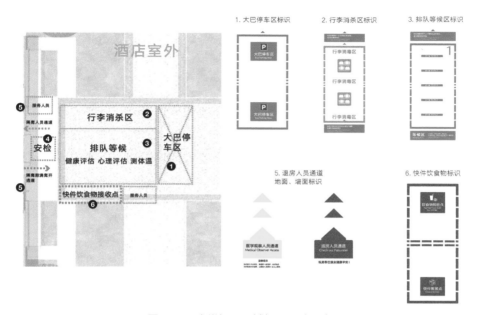

图9.1-3　大堂门口区域标识设计示意图

（2）隔离人员流线标识：按照落客区域—入住办理—电梯—房间、隔离人员离开房间—电梯—大堂—门口乘车的流线，参照现有隔离酒店及相关酒店管理要求进行标识设计（图9.1-4）。

图9.1-4　隔离人员流线标识实景

（3）医疗废弃物垃圾收集标识：参照医院及现有隔离酒店标识。

（4）餐厨及布草标识：参照现有隔离酒店标识并结合相关三星级酒店功能。

（5）卫生通过区标识：参照现有隔离酒店标识并结合传染病医院要求。

9.1.5 餐厨设计

厨房及餐厅独立设置于生活区，共2层。首层定义为隔离人员厨房，采用流水线模式生产快餐盒饭，配备快速自动化加工设备；二层定义为职工厨房及餐厅，服务于后勤区域工作人员。

（1）厨房空间及工艺流程：按照物品加工流程，从收货到出品布置厨房空间；按照生熟分开、冷热分开、脏净分开，尽量保证互相污染功能区域动线无交叉，做到功能分区明确、流线通畅，总体规划满足使用要求，布局达到卫生部门认可。

（2）厨房功能配置：设收货区、冷库、仓房、粗加工区、烹饪间、面点加工间、烘烤间、备餐与售卖区、餐具清洗消毒区及包装区。

（3）餐饮配送流线：餐食由厨房包装区出餐，经指定路线运送至酒店大堂门口放餐区，酒店服务人员取餐暂存于大堂服务用房，后经客梯分配至各层服务用房，由服务人员送至房间门口，由隔离人员取入房间。

9.2 平战结合的建筑设计（Ⅱ标段）

9.2.1 整体规划

Ⅱ标段项目按照隔离人员、服务人员分区分组团规划，总建筑面积约25.6万m²，其中，隔离酒店客房区包含A区6栋7层酒店及B区4栋18层酒店，可容纳隔离人员3800人；配套区包含1栋7层宿舍，1栋18层宿舍及相关配套服务用房，可容纳服务人员600人。A区主要采用模块化集成建筑MiC，B区主要采用钢结构装配式建筑。项目总平面图如图9.2-1所示。

A区6栋7层模块化酒店为集中分布，共可提供1472间隔离客房，其中A1～A5栋为标准大楼；A6栋首层设门诊医疗部，含普通门诊、隔离留观、医学CT等医疗功能。载有隔离人员的车辆进入隔离区进行车辆消杀后，在每栋酒店前的落客区停靠，乘客由隔离区入口进入酒店。服务人员则由位于南侧的服务区出入口进出，并沿酒店外围的服务人员流线抵达各栋楼的服务人员出入口，避免流线交叉。项目交通流线设计如图9.2-2所示。

B区5栋18层装配式钢结构建筑自北向南环山分布，共可提供2604间隔离客房，其中B1～B4栋为标准酒店，B5栋为员工宿舍。载有隔离人员的车辆从西侧大门进入隔离区并进行车辆消杀后，按照直线式的路线依次在每栋酒店前的落客区停靠，乘客由隔离

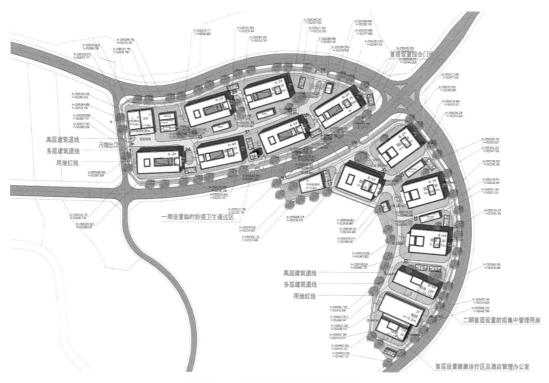

图9.2-1 Ⅱ标段项目总平面示意图

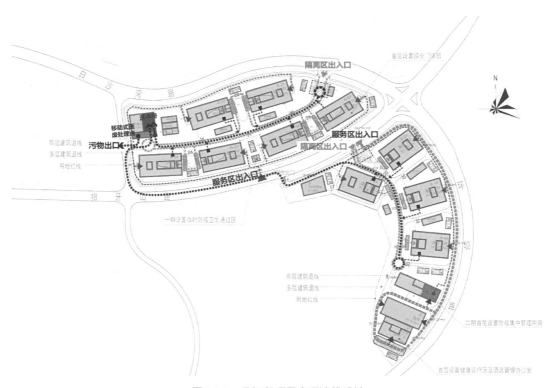

图9.2-2 Ⅱ标段项目交通流线设计

区入口进入酒店。服务人员则由东侧大门的服务区出入口进出，远离隔离区，并沿酒店东侧的服务人员流线抵达各栋楼的服务人员出入口，避免流线交叉。

9.2.2 单体设计

根据相关意见，酒店单体平面设计每栋楼均为独立防疫隔离单元，在首层大堂设置卫生通过区，按照"三区两通道"布置，同时满足建筑功能分区及防疫流线要求。隔离人员通过污染区电梯到达隔离客房，服务人员经更衣、穿衣、缓冲区后入场服务，再经缓冲、脱衣、淋浴、更衣后出场。首层平面图如图9.2-3所示。

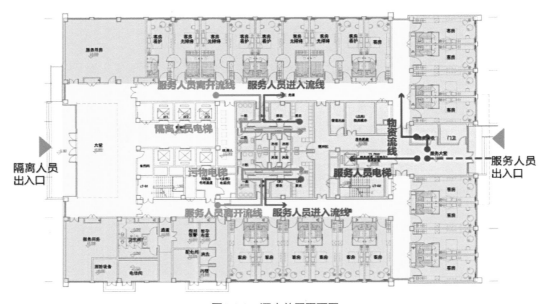

图9.2-3　酒店首层平面图

酒店内采用简明及高效的空间规划：隔离客房平行分布于酒店大楼外侧，两层中空玻璃窗充分提供天然采光和自然景观。病房中间区域为人员/物资通过区、服务用房及机电配套等，还特别设置了机器人房，以避免服务人员与隔离人员的直接接触。餐食和各种洁净物资供应从服务区入口的物资入口运入酒店；而用过的物资、一般废物都会暂存于污染区暂存间，并从污物电梯运出。

A6栋首层设置综合医疗门诊部，包含门诊、急诊、基本医疗用房及一间CT室，满足基本医疗需求。酒店入口位于首层西侧，门诊入口位于南北两侧中部，服务人员入口位于首层东侧，医护人员入口位于首层东北角。物资流线分为清洁通道和污染通道，清洁通道与东侧服务人员入口合用，污染通道位于西北角和东南角，确保洁污分流。

酒店标准客房尺寸为开间3.6m，进深9m。酒店双人间、套间占比约10%，均置于酒店低楼层（多层酒店1～3层，高层酒店1～7层），便于服务管理。客房设计充分体现人文关怀：①无阳台，窗开启宽度小于15cm；②床头柜上方增加小阅读灯；③尽量无玻璃、无尖角家具，无可搬动家具；④极简家具，留出足够的活动和锻炼空间。整体设计风格素雅，以打造舒适、愉悦、安全的生活空间（图9.2-4）。为了呈现品质和效果，在材料选型上，选择了更有纹理和质感、易清洁、易消毒的材料。酒店单元经过部分家具替换后可转换为大学宿舍，每间可提供4个床位。

图9.2-4　标准客房室内实景

9.2.3 疗愈性的室外立面设计

在立面设计上，结合酒店所处区位特点，融入蓝天、海洋、沙滩与阳光等元素，采用暖色墙面，以细腻质感营造现代、典雅的建筑风格，给隔离人员带来放松、温馨的感受。

9.2.4 人性化防控标识设计

酒店内导引标识设计充分考虑平战结合的顺利转换。对于疫情期间专用的流线标识系统，采用投影灯或可替换模块的方式，避免后期拆卸损伤墙体；标识形象充分考虑住客体验，以传达温暖、舒适的宜居感受。

9.3 安全无害的污物处理

本项目污水处理设备和垃圾焚烧站采用模块化集成体系，由工厂直接运至现场安装，施工效率高。其中，垃圾焚烧站采用集装箱式垃圾焚烧工艺，疫情期间满足场地内医疗废弃物的就地处理要求，疫情结束后可将设备直接转移至其他地方继续使用，避免重复建设。污水处理站采用一体化污水处理设备，通过多套模块并联使用，可根据疫情不同阶段的客人数量，对投入使用的模块数量进行控制，灵活应对不同场景。疫情完全结束后，模块可以转移至其他地方使用，既实现其整体效益最大化，避免浪费，又提升了土地的利用效率。

9.3.1 垃圾焚烧站

1. 垃圾焚烧处理设计

基于降低疫情传播风险、提升项目疫情防控能力的目的，项目配套建设了垃圾焚烧站，集中隔离医学观察场所隔离区和医学观察区产生的所有垃圾按照医疗废物就地处置。

（1）生活垃圾。将厨余垃圾及服务人员产生的垃圾定义为生活垃圾，由市城管和综合执法局负责监管收运。厨余垃圾收集至厨房垃圾处理间，服务人员产生的垃圾收集至生活区室外大垃圾桶。厨余垃圾在厨房垃圾处理间集中处理后，同生活垃圾一起，在指定时间、经指定路线由城管部门监管外运。

（2）医疗垃圾。除生活垃圾以外的垃圾均按照医疗废弃物采用就地焚烧方式处理，处理后的排放标准达到国家和当地相关标准的要求。医疗垃圾由隔离酒店客房门口垃圾篮处收集，经过消毒、封口，投入楼层垃圾暂存间，经污物电梯运至首层集中垃圾暂存间，按指定时间，由属地生态环境管理部门协调医疗废物处理单位使用专车回收至垃圾处理站内暂存间，并做好日期、袋数、重量、交接双方签名的登记工作。Ⅰ标段医疗垃圾处理流程如图9.3-1所示。

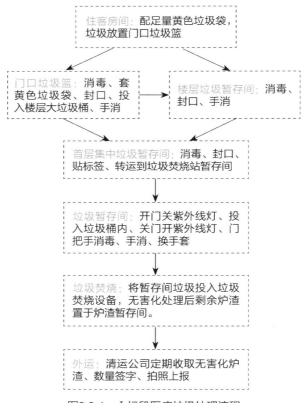

图9.3-1　Ⅰ标段医疗垃圾处理流程

根据垃圾处理焚烧速度、每天三次垃圾集中收集的频率计算，医疗垃圾处理站设置垃圾暂存间、转运间、炉渣暂存间等，并按规定设通风制冷、消杀等机电系统。Ⅰ标段焚烧站占地面积约为850m²，Ⅱ标段医废处置站占地面积约为487m²。

2. 垃圾焚烧处理工艺

按照技术先进、环保达标、安全卫生、运行可靠、经济适用的原则，结合市生态环境局要求，焚烧站选用了"医疗垃圾智能化处理系统"作为医疗废物的焚烧处理设施。通过先进的高温热解燃烧技术和完善的烟气深度净化工艺，实现医疗废物无害化处理的目标（图9.3-2）。

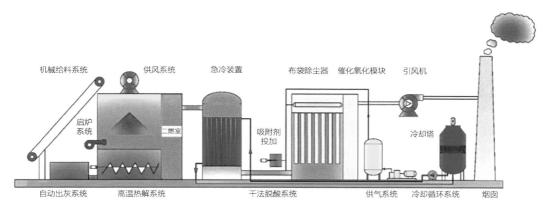

图9.3-2　垃圾焚烧处理系统工艺流程图

焚烧设施主要由机械给料、高温热解、供风供气、启炉、冷却循环、烟气深度净化、自动出灰、自动控制等系统组成。暂存库中存放的垃圾经消毒后，由安全防护到位的操作人员配合机械给料系统，将垃圾输送至高温热解系统内处理；启炉系统在启动初始阶段提供助燃燃料（天然气），待处理系统内部温度达到设计要求时停止供给，利用垃圾自身热值进行连续处理；产生的高温烟气排入净化系统处理；剩余灰渣及飞灰由机械排出后集中收集，定期外运处理。

3. 垃圾焚烧设施废气污染物排放标准

本项目焚烧设施废气污染物排放执行当地医疗废物集中处置中心采用的医疗废物处置排放标准（表9.3-1），为全国最严格标准之一。

垃圾焚烧设施废气污染物排放标准　　　　　　　　　表9.3-1

污染物项目	取值时间	限值
颗粒物（mg/Nm³）	小时均值	20
CO（mg/Nm³）	小时均值	50
SO_2（mg/Nm³）	小时均值	100

污染物项目	取值时间	限值
HF（mg/Nm^3）	小时均值	2
HCl（mg/Nm^3）	小时均值	50
NO$_x$（mg/Nm^3）	小时均值	300
Hg（mg/Nm^3）	小时均值	0.05
Tl、Cd（mg/Nm^3）	测定均值	0.05
As（mg/Nm^3）	测定均值	0.05
Pb（mg/Nm^3）	测定均值	0.5
Cr、Sn、Sb、Cu、Mn、Ni、V（mg/Nm^3）	测定均值	0.5
二噁英类（ngTEQ/Nm^3）	测定均值	0.1

4. 垃圾焚烧设施建造亮点

（1）模块化设计，建设周期短。系统完全采用模块化设计理念，通过将各工艺单元优化组合，降低处理车间高度，减少占地，节约项目投资；同时吸收国际美学元素，设备外观简洁大方，符合现代审美潮流；通过模块化整体组装供货方式，极大地缩短了项目现场的系统建设周期，7d可完成现场安装调试（图9.3-3）。

（2）高温热解法，处理更彻底。系统采用了先进的高温热解处理工艺，对混合的垃圾组分适应能力更强，通过独创的高温热解反应堆技术及二燃室的充分燃烧，垃圾处理快速且彻底。

（3）干式净化法，无污水产生。烟气间接急冷，干法脱酸，配合优质除尘布袋，确保净化效果；烟气全程采用干法组合深度净化工艺，无污水产生，无需配套污水处理设施，节约投资和运维成本。

（4）催化新工艺，节能更高效。系统采用了新型低温催化脱硝工艺技术，无须对烟气二次升温即可满足催化剂所需的活性温度，更为节能、高效且环保，解决了传统的SCR工艺需要烟气二次升温、SNCR脱硝效率低的问题。

（5）材料选择优，耐用更持久。系统核心部件全部选择了优质材料，经久耐用。炉膛及高温烟气过流材质全部选用耐高温不锈钢，烟气净化过流材质、风机、排放管道及烟囱全部选用高级不锈钢；炉膛保温选用新型高分子复合保温材料，避免了耐火砖、耐火泥反复启停容易损坏的弊端。

（6）高度自动化，劳动强度低。系统采用专属研发的中控软件，具备高度的自动化和智能化操作方式，一键式操作启动运行模式，自动化机械出渣，降低了操作人员的劳动强度，优化操作人员职数，降低人工成本。

（7）云端管理平台，数据远程传输。系统配套无线网络通信技术，构建云数据平台，可实现工况数据远程实时传输、数据存档、故障报警等辅助运营管理功能。

图9.3-3　Ⅰ标段模块化垃圾焚烧站

9.3.2 污水处理站

1. 污水处理设计

Ⅰ标段设计污水处理量为2200m³/d，Ⅱ标段设计污水处理量为2000m³/d，如图9.3-4所示。废水按市生态环境局提供的排放标准进行处理。项目所有污废水均进站处理，达标后排放。

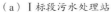

（a）Ⅰ标段污水处理站　　　　　　　　（b）Ⅱ标段污水处理站

图9.3-4　污水处理站

2. 污水处理工艺

医疗废水经管网收集至化粪池，在化粪池前经次氯酸钠预消毒，降低污水中病原微生物含量和活性，以减少操作人员受感染风险，而后自流进入调节池，对来水进行均质、均量处理，前端设置格栅，用以拦截大块漂浮物。出水进入生物强化处理模块（医院污水强化生物处理系统），设置厌氧池及生物接触氧化池，通过污水与填料上的生物膜充分接触，利用微生物分解污水中的有机物。之后，经高效沉淀池，实现固液分离。上清液进入强化消毒单元，投加次氯酸钠对出水进行二级强化消毒，彻底消灭污水中的病原微生物。最后通过出水提升泵，加压输送至下游污水处理厂进行深度处理。

系统内污泥部分回流至前端厌氧池，以保持生化系统内足够的生物活性。剩余污泥排至污泥池，定期投加次氯酸钠进行消毒后，经脱水处理至含水率80%，由有资质的危废处理单位集中清运处置。

废水处理过程中，因生物氧化还原、机械运转和充氧等产生的废气，可能含病原微生物气溶胶、硫化氢、甲烷等，为防止其挥发到大气中造成二次污染，需进行消毒及除臭。本系统采用加盖密封、负压收集设计，废气经管道收集，利用等离子+活性炭吸附的除臭消毒装置处理后，实现无害排放。

3. 污水处理排放标准

本项目配套建设污水处理站，污水经处理后排入市政污水管网，后续接入市政二级污水处理厂。排放废水执行《医疗机构水污染物排放标准》GB 18466—2005，其中，粪大肠菌群数（MPN/L）、肠道致病菌、肠道病菌、结核杆菌执行"传染病、结核病医疗机构水污染物排放限值"；总余氯执行6.5~10mg/L标准；化学需氧量（COD）、生化需氧量（BOD）、悬浮物（SS）等生活污水相关控制项目执行"综合医疗机构和其他医疗机构水污染物排放限值（预处理标准）"。如表9.3-2所示。

污水排放标准 表9.3-2

控制项目	传染病、结核病医疗机构水污染物排放限值	综合医疗机构和其他医疗机构水污染物排放限值		本项目执行标准
		排放标准	预处理标准	
粪大肠菌群数（MPN/L）	100	500	5000	100
肠道致病菌	不得检出	不得检出	不得检出	不得检出
肠道病菌	不得检出	不得检出	不得检出	不得检出
结核杆菌	不得检出	—	—	不得检出
pH（无量纲）	6~9	6~9	6~9	6~9
COD（mg/L）	60	60	250	250

控制项目	传染病、结核病医疗机构水污染物排放限值	综合医疗机构和其他医疗机构水污染物排放限值		本项目执行标准
		排放标准	预处理标准	
BOD（mg/L）	20	20	100	100
SS（mg/L）	20	20	60	60
氨氮（mg/L）	15	15	—	—
动植物油（mg/L）	5	5	20	20

4. 污水处理站建造亮点

（1）系统全封闭、全阻隔，智慧运行，运营更安全可靠，无接触感染病毒的风险。

（2）核心处理工艺采用泥膜耦合处理工艺，微生物量大，处理更高效，非常适应于医院排水水质、水量波动大的特点，处理效果稳定，且出水水质远优于传统医疗废水排放标准。

（3）系统采用进水预消毒+出水二次消毒，对新冠及其他病毒病菌消灭彻底，效率高，出水安全。

（4）污水处理过程中不可避免地会产生废气，系统对废气进行了全面的收集，并且采用等离子消毒，彻底隔绝了气溶胶感染的隐患。

（5）采用集装箱式装配式结构，标准化、批量化生产，质量可靠，模块化组合，运输安装方便，项目建设调试周期短，能在保证高品质的前提下满足大量项目快速上马的要求。

（6）平疫转化快，适用于常规医院、定点医院、方舱医院等多种使用环境。

9.4 数字智能的防疫管理

本项目除满足常规酒店的智能化设计要求外，充分运用云计算、大数据、物联网、人工智能等新兴技术，建立智能化、数据化、科技化的酒店运营管理体系。

9.4.1 人性化管理

（1）隔离人员关怀管理：包括隔离人员生命体征（心率、体温、血氧饱和度测量等）监测、无接触每日远程可视巡诊、客房紧急求助报警等，由健康诊疗室统一管理并提供关怀服务。

（2）人员违规行为管理：对于隔离人员擅自外出、人员聚集、不戴口罩、高风险区长期滞留等行为进行监测及预警，并能在监控中心声光显示，对隔离人员和工作人员实现无感监测，加强工作人员的防护管理，降低受感染风险。

（3）非接触式通行管理：工作人员通道设置人脸、二维码、IC卡识别+测温通行的通道闸或门禁，其余采用二维码、IC卡识别通行管控；电梯语音报层，电梯采用二维码、IC卡识别，可避免按键选层。

9.4.2 数据化管理

（1）隔离人员信息化管理：通过一码通系统，酒店可快速获取隔离人员信息、相关出入境信息、航班信息、车辆运转信息并做好接待安排。隔离人员采用"一人一档"的电子信息管理，通过系统关联、数据协同方式减少数据重复填报工作，详细信息包括隔离人员的基础情况、是否怀孕、医学转运记录、心理测量情况、隔离期间心理巡诊情况、核酸/抗体检测情况以及观察期体温、健康状况等。

（2）隔离酒店信息化管理：包括酒店概况、客房分布、入住情况、实时报警记录、隔离人员体温跟踪及数据综合查询（人员、房间）、工作人员考勤及测温数据、作业完成情况等，实现对酒店标准化、数字化的管理，并将重要数据上传至隔离酒店集中管理系统。

9.4.3 科技化管理

（1）AI机器人应用：包括消杀机器人、物流机器人、核酸检测机器人、无人值守自主采血机器人等应用，用AI助力防疫建设，提升防疫工作效率，减少人员间的接触，减少人力投入，降低受感染风险。

（2）工作人员智能穿戴设备：针对防疫需求，提供非接触防疫特种智能语音通信，实现语音唤醒、非接触语音通信、一键免打扰、消息推送处理、NFC身份识别等功能，提升防疫工作效率，保障防疫安全。

（3）根据应用场景，选用各类型智能分析摄像机，如测温摄像机、人脸识别摄像机、人员密度分析摄像机等。采用红外热成像测温仪实现主要出入口"无接触式远距"体温检测，迅速发现体温异常人员并自动报警。采用人脸识别摄像机，结合后台大数据分析，实现人员轨迹跟踪和重点人员的全天候监控。

（4）物联网应用：为AI机器人、智能穿戴设备、生命体征监测仪、客房信息终端、客房关怀终端等提供物联网接入，园区Wi-Fi全覆盖，无线AP（接入点）可扩展蓝牙等物联网模块，网络带宽及AP点位密度应考虑未来公共区域及客房末端设备通过Wi-Fi或蓝牙等物联网信号接入的需求。

第 **4** 篇

党建引领

第10章　党建引领

第10章
党建引领

新时期的建筑工程，要具备新时期的鲜明特征。将支部建在项目上，广泛开展党建相关活动，是本项目新时期党建工作的重要创新。项目积极开展党建引领活动，推动工程建设，服务务工群体。本项目两个标段施工高峰期现场管理人员及务工人员均突破1.3万人，人口数量等同一个大型社区，从业人员不稳定性高、文化水平不等、地域差异大的特征，直接决定了管理和服务如此庞大的临时性聚集群体的极高难度。

项目积极探索全新管理模式，由建设单位、EPC总承包单位、WPEC全过程监理单位以及参建各分包施工单位骨干党员为成员成立项目临时联合党支部，充分发挥党员先锋带头作用，求真务实为项目建设发展服务。党员同志贴近一线、走进工友，组织进度攻坚、质量提升等专题活动，例如，大讲堂学习活动，结合工程特点难点，制作课件并定期交流学习，充分调动党员和群众的积极性，专题活动受到一致好评；爱心理发、打造爱心工友村、创立工友广播站等活动，不仅丰富了务工人员的业余生活，也为务工人员提供了生活便利，解决其后顾之忧。以党建为引领的小小举动，温暖了人心，也稳定了人心。

10.1 搭建快速决策体系，以家国情怀筑牢战斗堡垒

10.1.1 夯实红色堡垒

项目深入贯彻学习习近平新时代中国特色社会主义思想，贯彻落实新时代党的建设总要求和新时代党的组织路线。进场之初，即成立了临时党支部和支部委员会。根据项目工区和职能线设置情况，划分了设计技术、安全质量、机电幕墙等11个党小组，并开展了党员承诺宣誓，充分发挥项目建设管理一线党员领导干部的"头雁"作用、基层党组织的战斗堡垒作用和党员先锋模范作用。进一步把党员组织起来，把思想统一起来，把力量凝聚起来，把士气鼓舞起来，把精神振奋起来，夯实了党建基础。

第一时间在项目上挂起党旗、党员突击队旗、青年突击队旗等鲜艳的党建旗帜，做到项目建设到哪里，党旗就插到哪里，向全体参建人员无声地传达"党旗所指、所向披靡"的必胜决心和强大力量。党支部根据实际需要，设置了党员活动室、心理咨询室、

红色书吧等党建阵地，在每栋楼最顶层位置和施工现场关键出入口布置了鲜艳的党建元素。通过强有力的软硬件搭配，切实发挥工地党组织战斗堡垒作用，使党的百年奋斗经验内化于心、外化于行。

10.1.2 完善体制机制

项目临时党支部坚持"围绕中心抓党建，抓好党建促履约"的思想，发布《项目"党建+"工作指南》，开展项目临时党支部委员工区联系点活动，明确楼栋长党员责任标准及内容，强化党建环节与现场施工环节共同推进的联动机制。通过细致的周计划和日计划，保障高标准的引领和服务质量，致力于打造"支部建在项目上，党旗飘在工地上"特色党建品牌。同时，为进一步引导流动党员协力同心，担当表率，在工人群体中树立党员旗帜，由项目组临时党支部牵头指导，成立工友党小组，组建"工人先锋队"，建立健全项目中党的全面领导体制，保证工友党员流动不流失，离乡不离党，凝聚共识力量，共建重大项目。

10.2 推行训战结合模式，以科学管理发挥人才合力

10.2.1 强化攻坚能力

在各关键节点攻坚前，举办誓师大会。由高层领导动员宣讲，总包、分包、监理等参建方到场参加，通过宣誓、授旗等活动环节，赋予各参建方崇高使命，对统一思想、目标和行动具有重要意义。

开设培训课堂"大讲堂"，根据现场需求制定课程，快速补充短板、提升能力，训战结合、考学结合。团队成员在干中相互学、学中带头干，将"聚是一团火，散是满天星"的工作理念化为现实，真正让本项目形成的先进经验和战斗铁军成为可复制的优秀模范。

10.2.2 聚焦梯队建设

临时党支部将党员、青年骨干集结起来，成立党员突击队和青年突击队，举行授旗仪式，强化使命担当，将队旗挂在一线，将徽章戴在胸前，亮出团队身份，强化身份意识，引导争创一流。在项目建设的同时，积极开展党员发展工作，全力做好各项培养考察工作。通过临时党支部、战地政委、部门负责人联合培养、联合推荐，进一步壮大党员队伍，改善党员队伍结构，提高党员队伍素质，保持党员队伍生机活力，担负起新的

历史使命，以实际行动保障项目建设，将人才培养和梯队建设作为临时党支部工作的重要内容。项目组重视对青年职工的培养工作，明确各个岗位职责及工作要求，促进青年职工快速融入和成长。

10.2.3 实施精准激励

贯彻落实导向一线、导向冲锋、导向基层的政策，真正做到力出一孔、利出一孔的工作状态。各业务系统对战斗在建设一线干部员工的表现进行评估，做好相应的纪实，对正向表现和负向表现完整记录，将个人表现纳入日常考核和干部考察范畴。在干部提拔方面，对参与项目建设的一线人员加大干部职级调整幅度，破格提拔优秀年轻人才；在职称评审方面，量化评审时予以加分、优先推荐；在党员发展方面，全年党员发展指标向参与项目建设的一线攻坚人员倾斜；在荣誉表彰方面，建设结束后及时召开总结及表彰大会，以发放荣誉奖章、评选功勋员工等方式加大荣誉激励。

10.3 筑牢基层员工基础，以工友主体践行责任担当

10.3.1 提升工友幸福感

为深入了解项目工人工作生活情况，为一线工人解决"急难愁盼"问题，项目成立了工友调研专题小组，深入工人生活区调研，走访、调查会、深入访谈、发放问卷等多措并举，完成工友生活情况清单报告。

项目设置一站式服务中心，集中解决进场人员信息登记、培训、安全教育、交底、实名制录入、劳保用品领用、宿舍分配等手续问题；实行网格化物业管理模式，成立"工友之家"，设置宿舍、食堂、超市、医务室、洗浴室、丰巢柜，配备爱心巴士、爱心理发室、爱心售卖机，打造美食一条街，丰富食品种类和样式，让工友在工作之余，体验家门口式的服务。项目通过种种举措，将全心办实事、为民解难题的工作理念化为具体可行的举措，营造正能量的、有凝聚力的项目建设氛围。

10.3.2 开设工友广播站

两个标段分别开设广播站，设置"建设快讯""工程讲堂""安全喊话""工地'金点子'""建设小故事""微信分享""真情点歌台""天气预报"等多个工友喜闻乐见的栏目，每日进行广播，宣讲党建安全防疫知识，发出项目声音，讲好项目故事，让每一位工友都能成为广播的主角。广播站选准示范对象，选树示范典型，主体内容贴近工友

工作生活，走进工友的内心深处，营造"比学赶帮超"的良好氛围。设立面向工友的广播站是企业承担社会责任的体现，也是帮助工友实现自我价值的重要路径，从而更好地保障项目的质量、安全、工期和成本目标。

10.3.3 开展文化活动

基于项目工期紧迫的现实条件，为缓解工友较大的工作压力，项目组举办了以关怀为主题的系列活动。活动在满足时间短、限制少、成效大的同时，践行以文化育人的理念，既帮助工友放松身心、快速充能，以最佳的状态投入"战斗"，又能够满足工友受尊重、受关怀的需求。在中秋节期间，根据工时组织"节日我在岗"摄影摄像和"免费团圆饭"活动；在国庆节期间，开展"红色电影进工地"活动。在不影响正常工作的前提下，给工友更多尊重、理解和关怀，营造"和谐、温暖、积极、严肃"的工作氛围。

10.3.4 提供维权关怀

项目用工庞大、短期抢工、突击用工的特点，增大了劳资纠纷的风险。项目提前谋划，与项目所在区人力资源、街道、派出所等部门建立沟通联络机制，定期召开维权工作会议，由政府部门现身普法，提升工友法纪观念；项目约谈上百家分包单位，签订工作责任书，全力保障农民工工资如期足额支付；组织维权专员24小时值班，负责受理求助、问询、投诉等事件，实时关注工友心理、情绪情况，为工友提供"家庭式关怀"；在广大工友中开展反诈宣传，守护好工友的"钱袋子"。

10.3.5 提升文化认同

Ⅱ标段开工伊始，52名来自港澳地区的员工自发请缨，主动支援一线工作。为庆祝祖国的生日，临时党支部组织了"我为祖国庆生"国庆快闪活动，项目的港澳员工和项目青年突击队踊跃参与，挥舞国旗，唱响祖国生日赞歌，为祖国母亲送上最真挚的生日祝福。中秋佳节当天，项目为全体港澳员工分发月饼，通过简单欢快的仪式同庆中秋，增强港澳员工对传统文化的了解和认同。在国庆期间，项目组织全体港澳员工观看爱国影片《建国大业》，通过影片追忆缅怀逝去的革命先烈。多项活动的开展有助于明确防疫工程项目的重要意义，进一步提高了港澳员工的认同感及政治站位，对积极推进项目有序建设、打赢项目攻坚战、实现工程如期交付具有重要意义。

10.4 创新党建工作模式，以党建引领推动阵地前移

坚持党建和业务深度融合，围绕项目一线建设，做到"哪里有短板，哪里有困难，哪里有需要，'党建+'就开展到哪里"。围绕安全、质量、工期进度、投资造价、疫情防控和复工复产等方面，深入开展"党建+疫情防控""党建+质量安全""党建+服务"等活动。参建各方构建党建共享共治平台，极大地提高了队伍的凝聚力、战斗力，推进项目高效高质量建设。

10.4.1 举行誓师大会

项目主体施工初期，开展钢结构工程履约誓师大会，吹响"开战即决战"的冲锋号。以项目首批底板浇筑节点即将完工为契机，召开全员誓师大会，临时党支部根据工区划分成立党员突击队、青年突击队和工人突击队，颁授旗帜，充分调动和发挥党员、青年、工匠不畏艰险、带头冲锋的积极性和先锋模范作用。工期进入最后冲刺阶段，项目组织开展"决战20天，确保116"主题的誓师大会，主要领导出席活动并发表讲话。大会表彰了履约优秀单位，成立楼栋突击队和参建单位特战队并授予其战旗，全体"将士"庄严宣誓，坚定了必胜的决心。创新设置荣誉帽贴和纪念帽贴，各团队之间进行比拼，率先完成重大工程节点的团队，全体成员被授予荣誉帽贴；其他完成特殊工作节点的团队，全体成员被授予纪念帽贴。将帽贴作为导向冲锋的"功勋章"，充分调动广大员工建功立业的战斗热情。

10.4.2 紧抓劳动竞赛

围绕"质量一流、本质安全、确保工期、平战结合"总方针，项目组织在工区、楼栋、一线班组开展劳动竞赛。2021年9月12日，项目举办劳动竞赛启动仪式，明确任务、细分责任，为各工区颁授特战队战旗，吹响竞赛冲锋号。竞赛内容围绕工期进度、工程质量、安全生产、文明施工、成本控制、疫情防控、团结协作、廉洁从业八个方面，开展"八比八赛"。同时，根据建设特点，在各专业线上广泛开展专项劳动竞赛，不断将竞赛氛围推向高潮，如钢结构安装竞赛、高层样板间竞赛、幕墙吊装竞赛、机电智能化样板间竞赛等。竞赛结束后，及时评比并召开激励表彰大会，对先进集体和个人进行荣誉表彰并发放奖金，确保奖励快速到位，营造浓厚的"比学赶帮超"工作氛围。

10.4.3 力推工区联系

项目临时党支部委员认领工区，经常召开交心谈心会，倾听工区呼声，了解群众意

愿，掌握团队员工思想动态，为进一步改善工作提供依据。临时党支部委员参加工区的晨会、例会，摸清情况，找准问题，每月帮助解决1~2个影响和制约工区履约的突出问题和实际困难。

10.4.4 设置综合BP

根据项目实时施工进度，设置集督办和后勤服务职能于一体的专（兼）职BP（Business Partner，业务伙伴）。项目前期，以工区为主要划分单位，配备3名专职综合BP，充当工区办公室主任角色，帮助工区做好快速进场的后勤保障和日常事务督办执行。项目冲刺阶段，以楼栋为划分单位，配备10名兼职综合BP，认领综合系统楼栋联系点，每日逐层检查施工人数，参与楼栋日施工计划考核，帮助解决楼栋各类后勤需求。

10.4.5 营造创新氛围

项目围绕"金点子"主题，提倡因地制宜、针对性地发挥参建各方专业优势，以解决问题为最终导向，开展"小发明""小创造"评选活动。技术团队发明的"极限狭小空间高强度螺栓终拧"技术攻克了150mm狭小空间高强度螺栓终拧的难题，普通工人发明的"电气专业收线装置"极大地提高了收线工作效率。项目举办"发明家"专项表彰仪式，各团队代表共同见证领导为发明者颁发荣誉证书和奖金。在争先创优氛围影响下，项目人人争做"发明家"。

10.4.6 落实党支部工作制度

项目临时党支部积极落实"三会一课"制度，推动组织生活常态化、活动开展多样化，坚持以因地制宜、统筹规划、整合各方资源为要求，采取线上集中学习、轮流讲党课、联合开展主题党日等活动方式，扎实开展组织生活；结合实际，不断探索研究，积极推进党建工作创新，打造优秀支部。

10.4.7 发挥平台作用

充分发挥党建共建平台作用，共同探讨新形势下加强党建工作的思路和对策，交流党建工作的经验做法，分享党建工作引领下项目建设、管理、创新等方面所做的工作和取得的成绩，推动各方党组织互相学习，共同提高，促进党建与业务深度融合，携手为项目建设贡献力量。

10.5 丰富形象展示载体，以成果输出推进品牌传播

10.5.1 健全宣传机制

项目提前统筹谋划，编制宣传方案，全面梳理宣传亮点，广泛征集典型人物故事。同时，建设单位加强与WPEC全过程监理单位、EPC总承包单位及各专业分包单位的对接沟通，立体推进各类宣传素材的储备。为保证获得优质素材，引进两家专业摄影摄像团队，对建设过程全程跟拍，确保重要会议、重要领导接待、重要活动、重大工程节点、重要施工工序等过程记录有留存。同时，建立摄影摄像工作日报机制，使拍摄内容清单化、责任化。党建综合办公室每位员工均参与人物故事稿件的征集、采写任务，同时发动各专业分包单位广泛征集基层一线员工和工友故事，扩大素材来源，丰富素材内容。

10.5.2 品牌引领布置

在项目文化墙、飘扬旗、临建办公区、高层建筑楼顶及现场安全防疫标语等位置或内容中，集中展示建设单位、WPEC全过程监理单位、EPC总承包单位三家单位的Logo。同时，项目精心布置党建长廊、企业文化长廊、党建会议室、党员活动室等空间，将党建知识、建设理念和文化理念等潜移默化地传播。

10.5.3 精益实施工程

项目组致力于在宣传文化输出方面成为当地的样板与示范。项目组坚持贯彻"一次采集、多种生成、多元传播"的全媒体传播理念，旨在通过更少的时间投入，得到更多的宣传文化输出成果，起到更好的品牌传播效果。同时，高标准策划实施"七个一"工程，即创办一份内刊、设立一个广播站、编撰一本故事集、编印一本项目建设纪念册、发布一系列"今日视觉"、制作一系列视频短片（包含项目人文宣传片和科技宣传片）、推出一系列内外媒体宣传。

10.6 开展常态纪检监督，以创建示范强化拒腐防变

10.6.1 健全纪检体系

项目临时党支部组织领导班子集体签订廉洁从业承诺书，与各分包单位签订廉洁共

建协议，并进行廉洁工作交底。以创建抢险救灾工程"超英廉洁文化示范点"为目标，聘请各系统各条线10名专（兼）职纪检监察员，落实日常监督、靠前监督和主动监督，打通横向、纵向的监督通道，实现阳光下合作，为项目健康运营提供坚强保障。

10.6.2 营造纪检监督氛围

项目设置廉洁教育宣传栏和文化长廊，通过宣传展板进行廉洁宣教，集中展示党建及廉政相关活动照片、口号标语、典型事例等内容；悬挂信访举报箱，公开问题反馈电话及邮箱，畅通投诉举报途径；创建廉洁文化专题广播，通过分享身边廉洁小故事及警示案例，树立正反意识；时时警醒干部职工增强党纪、政纪、法纪观念，规范生产经营行为。

第 5 篇

成效与启示

第11章
建设成效

11.1 高品质建设：质量一流，对标鲁班奖高标准

开工前，项目就明确质量目标为：4个月建成交付，一次验收合格率100%，争创鲁班奖。2021年12月，市建筑工程质量安全监督总站对工程进行竣工验收，验收结论为：本工程完成合同约定和设计内容的工程施工，工程施工符合工程建设法律、法规和工程建设强制性标准，工程质量合格，同意通过验收。由此，项目成功达到4个月建成交付，一次验收合格率100%的质量目标。

为进一步评估工程质量成效，项目两个标段的总承包单位和监理单位，分别独自开展工程质量"回头看"和"向前看"的自查自评工作。

1. "回头看"

依据当地优质工程检查要求，项目EPC总承包和WPEC全过程监理单位从土建（含建筑、结构、幕墙、装饰装修、节能）、钢结构、电气、电梯、给水排水、通风、消防和智能化八个方面，分别开展自查自评工作（表11.1-1）。

项目工程质量自评表（对标市优质工程奖）　　　　表11.1-1

标段	评价项目	得分									单项平均分	地块平均分	项目综合分
		电气	电梯	钢结构	给水排水	通风	土建	消防	智能化	评分			
Ⅰ标段EPC	资料（100）	92	91	95	91	91	91	94	96	92.63	92.44	91.38	90.74
Ⅰ标段监理		94	95	96	91	92	90	90	90	92.25			
Ⅰ标段EPC	工程观感（100）	91	93	88	90	90	89	88	89	89.75	90.32		
Ⅰ标段监理		95	93	90	91	90	88	91	90	90.88			
Ⅱ标段EPC	资料（100）	91	90	90	92	93	95	89	93	91.63	90.94	90.10	
Ⅱ标段监理		86	90	92	90	93	90	90	91	90.25			
Ⅱ标段EPC	工程观感（100）	90	90	87	88	91	93	90	92	90.25	89.25		
Ⅱ标段监理		89	91	85	95	85	86	87	88	88.25			

市优质工程入围分数为工程观感88分、资料85分，综合86.5分。4家单位背靠背自评并取平均分，Ⅰ标段自评91.38分、Ⅱ标段自评价90.10分，项目综合分为90.74分，高于当地优质工程标准。

"回头看"自查自评结论为：达到并高于当地优质工程入围标准，处于本市房屋建筑工程质量较高水准。

2. "向前看"

中国建设工程鲁班奖（国家优质工程），简称鲁班奖，是一项由中华人民共和国住房和城乡建设部指导、中国建筑业协会实施评选的奖项，是中国建筑行业工程质量的最高荣誉奖。本项目工程质量数字化评估对标鲁班奖（表11.1-2）。按最新2021版鲁班奖核查要求，实地核查（核查面积不小于总面积的25%）交付阶段工程质量现状并作出量化评价。同时，现场专项对标核查，体现工程竣工至整改过程中的质量水平。对照鲁班奖标准，EPC总承包单位和WEPC全过程监理单位背靠背打分测评，本项目可全部满足鲁班奖十项申报条件。工程前置奖项19个，已获得1项，已申报6项，其余奖项也相继进行申报资料准备及专利编制工作。项目采用了住房和城乡建设部推广的"建筑业10项新技术"中的9项（其中Ⅱ标段9项，Ⅰ标段8项），超过鲁班奖"不少于7项"的要求。

项目工程质量自评表（对标鲁班奖）　　　　表11.1-2

主要评价内容	评价项目（满分指标）								地块平均分	项目自评分
	安全、适用、美观（88）				技术进步与创新（6）	工程管理（6）				
	地基基础、主体结构安全可靠（24）	安装工程使用功能完备、排布有序（24）	屋面工程、装饰装修工程美观、细部精良（22）	工程资料内容齐全完整、真实有效（18）	技术创新与推广应用（6）	工程管理及工程规模（3）	绿色文明施工（2）	经济与社会综合效益（1）		
Ⅰ标段EPC	22.5	23.2	17.1	18	6	3	2	1	91.80	91.53
Ⅰ标段监理	21.9	22.1	16.8	18	6	3	2	1		
Ⅱ标段EPC	22.5	22.4	18.2	18	6	3	2	1	91.25	
Ⅱ标段监理	22.1	21.1	16.2	18	6	3	2	1		

"向前看"自查自评结论为：项目质量数据基本达到申报中国建设工程鲁班奖（国家优质工程）评奖水平。

项目质量管控体系健全，过程措施科学有效，于行业内工程质量水平处于优秀区段，实现了市领导要求的"本质安全、质量一流"的目标。

11.2 高标准施工：安全可靠，有效防范风险事故

施工高峰期，现场施工人数超过2万人，投用的塔式起重机、施工升降机等建筑起重机械多达70多台（套），各类流动式起重机近百台。同时，短时间内近万人密集动迁入场，叠加全国疫情持续严峻的形势，让项目建设时刻面临全面停摆的重大风险，并承受难以想象的安全生产压力与极限挑战。

通过安全风险研判及分级、危大工程方案审查论证和核查机制的落实，以及以网格化责任制为基础的"楼栋长制"、多层级安全巡查考核机制、事项销项机制等一系列行之有效的安全工作机制，辅以全方位、高密度的定岗定责精准管理，为项目的顺利交付提供了有效支撑和保障。项目每亿元隐患数为34.3个，同期当地其他项目每亿元隐患数为66.9个。对比可知，本项目对于安全隐患的治理和过程管控成效显著。

两标段EPC总承包单位和WPEC全过程监理单位根据《建筑施工安全检查标准》JGJ 59—2011进行自评。通过对施工期间4个月的月度安全检查评分表进行统计，Ⅰ标段得分91分，Ⅱ标段93分，均超过90分的优良标准。对标中国建筑业协会"建设工程项目施工安全生产标准化工地"的评选标准，EPC总承包单位和WPEC全过程监理单位分别从安全管理、文明施工、员工权益保障等方面进行综合评价，4家参建单位自评均为95分，达到"建设工程项目施工安全生产标准化工地"90分的评选标准。

项目已通过当地安全生产与文明施工优良工地的初评，初评达到国家AAA级安全文明标准化工地评选标准。

项目建设期间严格要求各参建单位提高思想认识，成立疫情防控指挥部，制定防控预案和方案，落实相关单位责权划分；严格按照市政府行政主管部门各有关规定，通过疫情防控应急演练、防疫宣传、信息化管理平台应用、智慧工地等一系列措施，落实疫情防控常态化管理。现场进行封闭式管理，严格核查进场人员健康情况，要求提供48小时核酸检测结果、疫苗接种记录、行程码等资料，并进行"一人一档"建档以及实名制登记，落实"5个100%"。通过参建各方不懈努力，达到了疫情防控"零输入、零感染、零传播"的成效。

项目安全管控体系健全，过程措施科学有效，各项安全管理思路正确。在安全生产方面，本项目杜绝了较大及以上生产安全事故的发生，未发生重大火灾事故和环境污染事件，未发生疫情失控事件，可见项目安全管控方法得当、效果显著。

11.3 高速度建造：工期优化，稳步高效推进项目

先进的建造体系是全面推动工程建设高质量发展的重大改革创新和重要举措。其中，快速建造体系是指在项目前期设计、报建、招标、施工、验收等阶段，通过科学合理地组织、管理，采取先进技术和经济措施，确保工程能够快速、连续、高效地建设，在保证工程安全质量的情况下，合理地缩减建设周期的建造体系。

项目于2021年8月16日极速集结工程建设资源，快速部署完成施工准备和开工（图11.3-1、图11.3-2）。自2021年8月18日打下第一根工程桩起，Ⅰ标段项目首批建筑（多层A1～A5栋）于12月3日率先施工完成，施工周期107d，用时仅为定额施工工期（723d）的14.8%；其余建筑于12月20日施工完成，施工周期124d，用时仅为定额施工工期（723d）的17.2%。Ⅱ标段首批建筑（多层A1～A6栋）于2021年11月16日率先施工完成，施工周期90d，用时仅为定额施工工期（723d）的12.4%；其余建筑于12月28日施工完成，施工周期132d，用时仅为定额施工工期（723d）的18.3%。项目总体工期仅为定额总工期的10.6%。

图11.3-1　Ⅰ标段主要建设历程

图11.3-2　Ⅱ标段主要建设历程

非凡的建设——大型平急两用项目建设管理创新实践

11.4 多功能转换：平战结合，经济社会效益双赢

本项目充分贯彻"快速建造、平战结合、永临结合"的原则，创新打造工程样板，带来了全新的尝试和探索，将有限的资源进行高效整合，快速转换以适应"平时、战疫"两种工况下的社会需求。一方面，立足于有效应对现实急迫需求；另一方面，着眼于长远产生持续效益，有效提高土地利用效率和社会经济效益，实现"一次投入、两种效益"。

2022年初，项目的及时投入使用为政府职能部门合理有序地疏导疫情防控压力，调配医护资源，形成人员隔离流转机制提供了极其重要的调度空间，避免了出现区域性医疗资源紧张甚至告罄的情况，对于提升全市疫情防控水平和防控成效，产生了不可替代的、难以估量的社会效益。

2023年，项目开始疫后适配改造工作，通过少量改造即完成功能转换，并于同年6月对外正式营业。

本项目坚持以人民为中心的发展思想，项目的成功实践体现了党的理想信念、性质宗旨、初心使命，向时代和人民交出了一份优异的答卷。

11.5 模块化集成：科技引领，工业化建筑新标杆

本项目采用标准化设计、模块化建造和系统化组织，结合户型标准化、构件标准化、模块化钢结构组合房屋建造等技术手段，采用保温隔热装饰一体化的单元式幕墙系统、轻钢龙骨隔墙体系、装配式装修以及管线分离等多项技术措施，实现超高装配率，极大地缩短了项目建设周期，为防疫抗疫争取了宝贵的时间。

如表11.5-1所示，对照《装配式建筑评价标准》GB/T 51129—2017，Ⅰ标段装配率为94.8%，Ⅱ标段装配率为93.8%，项目总体装配率为94.3%，达到了国家最高等级AAA级装配式建筑标准。其中多层楼栋，Ⅰ标段、Ⅱ标段装配率均为100%；高层楼栋，Ⅰ标段装配率为93.6%，Ⅱ标段装配率为91%。本项目通过超高装配率实现快速建造的成功实践，将成为国内装配式建筑的标杆（图11.5-1、图11.5-2）。

项目装配式建筑评价表　　　　　　　　　　　　　　表11.5-1

装配率评价标准	分区	装配率		
		Ⅰ标段	Ⅱ标段	项目（平均值）
《装配式建筑评价标准》GB/T 51129—2017	多层	100%	100%	100%
	高层	93.6%	91.0%	92.3%
	地块整体	94.8%	93.8%	94.3%

图11.5-1　箱体吊装作业　　　　　　　　图11.5-2　钢结构模块化建筑实景

11.6 全过程绿色：减污降碳，示范引领效应明显

为践行国家"双碳"目标，促进绿色发展，本项目将建筑废弃物资源化、无害化等绿色及可持续发展理念贯穿整个设计、施工和安装流程。从新型绿色建造方式的选择到建筑废弃物的源头产生及产生后的分类、处理处置以及资源化回收利用等环节，从选材设计、工艺技术及配套以及管理等方面，将绿色施工理念渗透到整个施工环节，以实现减排目标。项目通过建筑废弃物管理制度、减量化技术和处理技术，利用"六分法"分类收集管理现场建筑废弃物（不含渣土），采取"源头识别+措施管控"方式，以实现综合利用。项目最终排放量为高层建筑162.47t/万m²，多层建筑64.81t/万m²，加权平均为146.79t/万m²，比传统项目降低约75%，比国家建筑工程绿色施工评价标准降低约50%，比国家"十四五"装配式建筑废弃物排放目标要求降低约25%（表11.6-1）。

项目建筑废弃物排放水平统计表　　　　　　表11.6-1

统计对象		Ⅰ标段	Ⅱ标段	项目
排放水平 （t/万m²）	多层	64.81	30.88	45.73
	高层	162.47	202.46	179.31
	附属结构	263.35	—	—
	整体	146.79	149.78	148.09
排放水平对比	传统项目 （600t/万m²）	24.47%	24.96%	24.68%
	绿色施工标准 （300t/万m²）	48.93%	49.93%	49.36%
	"十四五"目标 （200t/万m²）	73.40%	74.89%	74.05%

本项目采取医疗废弃物就地焚烧的措施，设计处理规模两标段均为5t/d，采用国内领先的高温热解处理工艺（图11.6-1）。废气排放标准采用当地医疗废物集中处置中心采用的医疗废物处置排放标准，为全国最严格标准之一。项目污水处理采用二次消毒+强化生物污水处理，排放指标满足《医疗机构水污染物排放标准》GB 18466—2005的要求，其中关键指标满足传染病、结核病医疗机构水污染物排放标准（图11.6-2）。

本项目采用绿色建筑设计理念，邀请当地建设科技推广中心按照《绿色建筑评价标准》GB/T 50378—2019进行初评，绿色建筑技术要求满足二星级要求且每类指标评分项得分不小于其评分项满分值的30%，评分项与加分项的加权总得分达到二星级标准，处于行业前列。

图11.6-1　垃圾焚烧站

图11.6-2　污水处理站

11.7 高科技赋能：智能建造，突破建筑行业短板

本项目实行"全过程、场景式"BIM实施，通过装配式建造模式与BIM+数字化融合应用，BIM技术在设计、生产、运输、施工、竣工阶段累计应用场景达21个，应用子项5991项，有效实现科技赋能、科学管理，助力项目快速建造。其中，BIM+箱体模型深化和BIM+机电集成模块加工2项场景的应用深度为国内领先，应用成果指导精准生产实现一次成优；BIM+智能交通指挥调度场景为国内创新应用，通过BIM+GPS+智慧工地系统，实时展示建筑部品部件运输轨迹，指导现场灵活调度。

项目以现场场景化BIM应用为手段，以BIM成果解决现场若干实际问题为导向，进行全专业BIM实施与管理。设计阶段依托BIM技术，建立BIM工作环境，以BIM辅助设计为导向，针对高层和多层的不同体系创建全专业模型及应用，强化设计检核，提前消除设计的"错漏碰缺"，实现短时间内设计完成及质量保证，并辅助进行设计交底、定案；深化设计阶段以现场快速建造为目标，通过总包统筹、分包配合的项目BIM实施路线，创建统一BIM应用环境，总承包单位统一协调管理，EPC总承包单位负责审核，各分包单位根据项目要求将施工工艺、施工方案、施工可行性等信息引入施工图深化设计，完成各自合同内深化模型创建及图纸生成；施工阶段利用BIM技术辅助施工场地规划、施工组织与协调、重难点施工方案模拟优化、轻量化平台展示等；竣工交付阶段提交竣工模型及竣工资料。

第12章
IPMT模式运营成效

12.1 多主体统筹协调管理

　　良好的组织管理架构、顺畅的沟通机制是高效管理和决策的前提条件，也是确保工期的关键。

　　组织架构方面，IPMT模式集决策、管理和执行于一体，采用三层联动组织架构，做到纵向贯通、横向协调，大幅提升了管理效率。IPMT管理团队整合各方资源，行动一致共同推进，建立了高规格的专班协调26个相关单位，EPC总承包单位、WPEC全过程监理单位等参建单位抽调精兵强将组建现场团队，扁平化管理使项目现场有决策权，矩阵化管理减少沟通成本，提高工效。

　　组织管理方面，实行"三线并行、三级联动、矩阵式推进"的管理模式，采取建设单位管控、EPC实施、WPEC协调监管的三线并行机制，充分发挥"IPMT团队+建设单位项目指挥部+施工现场"三级联动的管理优势，实现了组织架构一体化、设计采购施工一体化、管理流程和管理目标一体化，落实"三个维度管控""六个统筹"和"八个机制"，科学、高质、高效地统筹推进。

　　工程管理方面，实践证明，建设单位、WPEC全过程监理单位、EPC总承包单位的专业技术人员以专业组为单元，打破管理、设计与施工之间的壁垒，消除单位之间的屏障，组成IPMT一体化项目组织管理体系是极为高效的。各单位技术人员按专业大类（如建筑组、水暖组、电气组）组成集成的技术管理团队，建设单位主管工程师担任组长并负责决策，监理单位专业工程师担任执行组长并负责具体工作运转及决策咨询。此种组织模式改信息串联为并联，信息同步到达同步获取，不缺失不迟到，缩短了沟通路径，管理极致扁平化，极大地提高了沟通协调效率。IPMT专业组集成管理模式优势明显，但也需要注意两点：一是专业组的划分不宜过细过多，以提高决策集成度，减少管理难度，减少专业间壁垒；二是专业组内部的设计及施工管理虽然能"一竿子插到底"，但各组之间的联系较为薄弱，必须设置责任人串联各组以织密信息网络。

12.2 全过程进度计划控制

在 IPMT 的组织管控下，重大问题递交专班解决，次重大问题由项目指挥部解决，一般问题由项目管理组解决。决策有效，管控有序，责任明确，流程有效，项目推进迅速，没有发生重大问题决策上的延误和失误。加之政府高度重视，由专业工程师开展专业化管理，满足了项目快速建造的迅速决策、科学决策的需求。同时，得益于抢险救灾项目的政策引领，基本建设手续可以在开工后完善，各有关部门在职权范围内依法对相关审批程序予以简化，节约了报批报建和设计周期。

在项目建设专班科学组织和协调下，得益于高效的"IPMT+EPC工程总承包+WPEC全过程监理"的建设组织模式，节约了至少114d的项目立项至施工许可全周期办结时间；施工图设计与工程施工齐头并进，节约了将近409d的设计周期。按定额计算，同等规模的同类型工程从方案至交付的建设总工期常规为1246d，本工程在IPMT模式下实现建设全周期等同于施工周期，施工总工期仅为132d。

12.3 全方位资源优化配置

正确选择综合实力强的EPC总承包单位和WPEC全过程监理单位，优化配置IPMT、EPC和WPEC的全方位资源，融合各方管理经验，实现技术优势互补。将建设单位先进的管理模式与EPC总承包单位在建筑工业化、智慧建造等领域的专有技术优势、WPEC全过程监理单位的管理优势和类似工程经验充分结合，在项目成功建设中发挥了至关重要的作用。

选择大型骨干企业进行EPC管理，充分发挥EPC单位的资源集结能力和管理效率，减轻建设单位压力。通过设计、采购、施工一体化，实现前期后期工作的无缝对接。同时，大量分包单位选择不必走招标流程，为项目建设节约宝贵时间。对于EPC单位的弱项，IPMT组织管理体系发挥"帮""扶"效能，以弥补EPC单位的不足，极大地深化了管理效果。

本项目的全过程监理工作内容包括设计管理、招采管理、合约管理、投资管理、综合管理、报建管理、驻厂监造、工程管理（含监理）、信息管理九大工作模块。

WPEC全过程监理单位的工作既对接建设单位项目管理组，也对接EPC六大工作组，横向协同办公为项目推进发挥了监理加咨询的显著作用。例如，组织召开各类项目管理及技术会议，承担全部驻厂监造任务，为优化设计贡献专业化设计咨询的力量，在商务管理过程中起到第三方把关的作用。在信息化管理方面，编制专题报告，传递建设动态，预判项目风险，为高层决策提供依据；在综合管理方面，接待领导考察，组织参观交流，建设学习型组织，党建+管理等，为质量、安全、进度、环境等目标管理保驾护航，极大地发挥了第三方专业咨询的作用，为项目建设贡献了智慧和能量。

第13章
EPC工程总承包模式运营成效

13.1 以施工进度为主线的设计管理

项目采用EPC工程总承包模式，相较于传统工程项目，能够充分发挥设计引领的优势，遵循设计生产与设计管理同步开展、设计现场与建造现场二合为一的基本原则，设计团队全专业驻场，现场信息传递反馈真实而高效，满足极限条件下的设计管理要求。

项目以施工进度为主线，根据项目特点和工程承发包模式，摸底设计沟通对象，理清沟通协调的关键点，促进承包单位联合体的设计、制造、施工的技术高度集成、深度融合。设计端牵头不同议题的定案会议，快速锁定专业协同成果。通过专业间的提质与返资，仅用3d就完成桩基施工图出图，3d完成立面及精装方案并通过IPMT评审；3d完成桩基施工图，保障现场实施；5d完成第一版全专业施工图，7d完成第二版全专业施工图。

项目采用BIM正向设计，提前发现并预警建筑、结构和机电专业设计失误300余项，采用基于DFMA理念的设计方案，大大缩短了项目的建设周期。项目按照永久建筑设计，多层酒店和高层酒店分别采用模块化建造技术和装配式钢结构技术，结构体系经过包括院士在内的多位专家的论证，能够实现高于当地设防烈度（7度）的罕遇地震（两千年一遇）不倒，可抵御14级超强台风，具有充足的安全余量。项目基于绿色可持续发展、以人为本的理念进行设计，建筑细节充分考虑防疫、防水、保温、隔声等需求，为隔离人员提供高品质的居住条件，达到国家绿色建筑二星标准。

13.2 以标准流程为指引的采购管理

项目采用标准化的采购流程和制度，对供应商的资质进行审查，保障采购合法、合规。招采管理主要按照4项内容开展，分别是资源摸排，工料机计算，工作包划分及界面划分，分判模式确定及招定标工作。利用EPC总承包优势，招采端根据合约分判输出招采方案，设计端根据图纸提供材料和设备参数，施工端拟定各专业进场时间需求，积极参与分供商的考察和定标工作。项目经理牵头形成"合约划分表、资源储备表、招标进展总控表"，严格按控制表实施，显著提高定标效率。

招标采购作为EPC单位最大的交易活动，是审计审查的重点。面对繁杂的资料，复杂的时间逻辑关系，项目进场第二天即组织采购流程交底，形成"项目EPC工程总承包项目招标交底"说明和"项目招标资料归集"标准文件归集模板，下发给设计、技术、安全监察、物资设备等有采购需求的相关部门，并事先充分考虑各种项目过程中可能存在的特殊情况，确保资料模板的实用性，全程没有改动资料模板。

项目工程造价管理工作重点定位于服务项目开展。一方面，要做好工程分判、物资采购，为项目实施提供资源保障；另一方面，通过出具价格指导，实现精益成本管理，为项目进度管理赋能。本项目除机电、消防、智能化、市政等相关招标外均实行模拟清单招标，清单招标体量达80%，同时在专业工程师协助下出具指导价，商务管理精益化迈出坚实一步。

13.3 以资源整合为核心的施工管理

本工程体量大，工期紧，采用全过程全空间全工序紧密穿插施工。施工作业前根据各阶段工期目标，拟定施工部署和实施方案，对分包进场时间、出图进展实施预警。实施过程中，对专业间衔接、作业面移交等关键点实施倒逼机制，通过每天8：00班子会、17：30生产协调会、夜间巡场机制、不定期的专业协调会等，做到当日问题不过夜。得益于全组织协同、全方位策划、全资源保障、全专业联动、全过程融合的EPC管控计划，项目成功实现快速建造。

13.3.1 分工协作

分工协作是提高劳动效率的基本手段，本项目分工协作主要体现在以下三个方面。

（1）管理人员之间的分工协作。项目实施三维矩阵式管理组织架构，即职能线、专业线和工区线三线互相支撑。在前期设计和招采阶段，以专业线和职能线为主；在分包进场后，统一由工区管理，专业线和职能线工程师编入工区，作为一个管理团队负责工区内所有事宜。职能线工程师、专业线工程师和栋号（工区线）工程师之间分工明确，互帮互助，遵循栋号长牵头、职能线服务、专业线配合的整体原则。该种模式可以最大限度地发挥各位工程师的能量，为项目管理创造最大的价值。

（2）管理人员与分包之间的分工协作。在对分包的管理上，既要按照合约对分包进行职责约束，也要在重要环节对其进行帮扶支持，且不能停留在下达任务层面，需延伸至人员、材料及设备管理，必要时派人驻厂监造；分包人员不足时使用备用资源进行补充。对影响关键工序的问题，采用迅速有力的解决措施，以确保工程顺利进行。

（3）各分包之间的分工协作。充分发挥各专业工程师的专业能力，从根源上解决各专业之间的界面问题和工序穿插问题，在每日协调会上明确可能会出现的纠纷问题。同时，营造利益共同体的氛围，协调各分包之间的资源共享、经验共享，以加快施工进度，提高施工效率。

13.3.2 高效协同

在极限工期下，实现快速建造是整个项目的主要目标。围绕该目标，各条线各专业完成了各项策划，包括钢结构型材型号和板厚的归并、建筑房型的统一、幕墙单元类型的最少化以及使用同一套装修图纸等。这些策划带来一系列积极结果，有效缩短采购周期、提高加工效率、降低安装难度，每个环节之间高效协同，共同实现了工期目标。

13.3.3 动态调整

根据本项目周期短、任务重、现场瞬息万变的特点，为适应现场变化，在资源统筹上强调动态调整。

在人员管理方面，根据不同阶段的工作任务进行动态调整。例如，在前期设计、技术任务繁重的阶段，各专业工程师参与到设计与技术的相关工作中；当设计、技术工作基本完成后，现场处于"大干快上"的阶段，抽调设计、技术管理人员前往现场进行生产、查验管理，一方面提高人员利用率，另一方面，也可以提高管理人员的综合能力。

在施工部署方面，现场遵循"时间不间断、空间全覆盖、资源满负荷、人停机不停"的饱和部署原则进行施工部署。针对现场施工区域大、工期紧的特点，分为若干个施工区域独立进行资源配置，同步平行施工。项目投入了大量机械设备，两个标段高峰期投入劳动力均超过1.3万人，高效的设备及人力资源投入，保证了极限工期的达成。通过周密的部署及全专业工序细化穿插，充分发挥装配式建筑高集成度、高装配率、施工速度快等优势，极大地提升了施工效率及成活质量，保证项目按工期高质量履约。此外，通过BIM对不同工况的场地布置进行模拟分析，优化平面道路、原材料及构件堆场位置，以及塔式起重机、施工电梯等垂直运输最优位置和数量，通过可视化的展示与沟通，确保现场平面高效运转。

在分包管理方面，一方面，提前准备"后补梯队"，针对机电、幕墙、装修、市政等分包单位可能存在的"掉链子"问题，考虑并额外储备优势资源，保证随时补位，即刻进场；另一方面，根据分包阶段性情况，准备"临时突击队"，可随时调用，以解决项目临时"用工荒"等问题。

第14章
WPEC全过程监理模式运营成效

14.1 综合性统筹管理

综合管理工作贯穿于项目的始末，是全过程工程咨询管理工作中主要的组成之一，主要协同各部门关联作业，高效推动项目管理运行，有着承上启下、沟通内外、后勤保障的作用。作为WPEC全过程监理单位承上启下的支点，做好统筹管理工作是综合管理的重要任务，打造高效、激情、奉献、和谐的工作团队是综合管理工作的重要目标。鉴于本项目的特殊性，其综合管理工作任务非常艰巨，涉及项目内部制度建设、项目信息管理、后勤保障管理、项目党建管理、项目宣传管理、项目会务管理等方面。

14.1.1 项目内部制度建设

WPEC全过程监理单位团队在项目层面属于大型的咨询管理团队，为做好内部管理工作，需建立章程并完善制度，将内部工作流程化标准化，从而推动项目高效运行。为此，WPEC全过程监理单位在项目上建立了以提质增效为目的的各项工作制度。

14.1.2 项目信息管理

本项目工期紧、任务重，政治定位高，每日形成的信息量非常庞大。如何将繁杂的信息量进行收集、提取、总结，为领导的快速决策提供支撑，是项目关键工作之一。WPEC全过程监理单位作为独立开展工作的第三方，所整理信息的真实性、有效性、完整性是项目快速推进、快速决策过程中的重中之重。为此，监理单位团队建立的项目实施动态信息表成为项目信息管理的最主要成果体现。通过每日收集整理设计工作、商务工作、施工现场及工厂等的最真实情况，对汇总后的信息与计划执行情况进行研判，对于明显影响工期、质量、安全的情况，立即采取对应的管控纠偏措施。

14.1.3 后勤保障管理

要确保形成一个能打硬仗、能打胜仗的队伍，后勤保障工作就必须提供最强有力的支撑。WPEC全过程监理单位的后勤保障工作包括相应的激励政策，在助推项目高效开展全过程咨询工作中发挥了极大的作用；此外，还涵盖项目车辆管理、办公用品采购管理、报销管理、食宿管理等方面。项目配备专车两辆，用于员工出行使用。办公用品及其他耗材登记后24小时内采购到位。项目自办食堂菜品丰富，以高标准的伙食保证员工有充足的体力和精力投入高强度的持续作战中。

14.1.4 项目党建管理

WPEC全过程监理单位响应"把支部建在项目上、让党旗飘扬在工地"号召，落实党建引领要求，服务党群员工，展示工务精神，体现工地特色，融入工作实践的思路，推动项目党建与项目建设深度融合，为项目优质、高效的建设提供了坚强的思想保证；多次组织各种形式的"党建+"活动，如爱国主义观影活动、员工集体生日会、员工故事分享会、中秋晚会等，在项目内部引起广泛赞誉，并多次组织外部单位进行学习交流。

同时，利用党建品牌的示范带动效应，把党建工作延伸到生产一线，让项目上所有的党员在岗位上把身份亮起来、标杆树起来、责任担起来；认真谋划好工作，主动担当，带头履责，让党建与业务目标同向、工作同步、责任同担，努力推动党建工作和业务工作的深度融合，把基层党组织的"战斗堡垒"作用落实到工程建设质量、进度和安全管理等重要工作中。

14.1.5 项目宣传管理

本项目的建设是一次高瞻远瞩的尝试，其重要性不言而喻。WPEC全过程监理单位在项目实施推进的过程中，牢牢把握并挖掘项目的宣传点，为项目建成后扩大品牌宣传打下基础。项目通过影像、视频的方式留存宣传素材，并及时对项目建设过程中的影像、视频资料进行整理；结合项目工期节点及内部团队文化建设，对宣传内容进行详细的策划。项目宣传管理采取了一系列举措，包括专人负责制、树立"大宣传"工作格局、策划先行确保实效、线上和线下同步宣发、以员工服务为核心、专题策划内容创新、创建灵活的激励机制等。

项目突破以往单一宣传工程进展、领导视察的惯例，将多层次与宽领域传播相结合、立体化和多角度宣传相结合，关注点从"工程"延伸至"工程人"。通过积极策划专题、深挖新闻亮点，找到一条宣传企业正能量、适合项目需求、符合员工期待的"三赢"之路，策划了如"点赞，来自一线的你""君问归期未有期，正是奋进时""温馨家园·贴心管家"等特色专栏。作品贴近生活、贴近员工，富有时代色彩，成为员工喜闻乐见的佳作，增强了宣传工作的亲和力和感染力。

14.1.6 项目会务管理

抢险救灾项目涉及大量的会议，包括会议调度、决策、协同等各项环节，如何做好项目的会务管理，提升会议的效率与品质，是WPEC全过程监理单位日常事务性管理工作的重要体现。为此，综合管理部制定了会务操作指引，从会议室的预约到会议室的布置、会议组织与安排、会议记录，通过流程化的工作机制进行明确。项目建立会议预约台账，搭建会务工作群，并对会议室的会务人员进行培训指导，以实现会议室布置的标准化和规范化。项目的会务工作得到了外部单位的一致好评，切实体现了标准化工作流程的价值。

14.2 全过程设计管理

项目采用方案设计后的EPC建设模式，为实现工期的极限压缩，施行"同步设计、同步采购、穿插施工"的并行推进方式，推行设计、采购、施工一体化。由此，对项目组的设计管理工作提出了巨大挑战，要求设计管理工作根据项目总控计划和最终目标不断调整工作重心。

14.2.1 设计需求管理

项目在方案设计后，存在较多功能需求未明确的情况，诸如医疗卫生垃圾就地焚烧、污水处理排放、厨房工艺、医疗工艺、科技防疫信息化智能化等。WPEC全过程监理单位设计部通过发挥全过程工程咨询自身优势，开展大量的专项需求分析工作，并与EPC总承包单位针对项目各专项工艺进行技术沟通。同时，积极组织使用单位开展工艺调研，共同稳定需求。

此外，设计管理者需冷静判断影响设计进展的关键因素和问题优先级，积极有序地密集组织方案评审会、专业汇报会、使用需求对接会、专家论证会、外部水电气协调会等会议，稳步推进总图布局、建筑平立面、使用需求等各项设计前置条件尽快固化。以Ⅰ标段项目第一个月为例，WPEC全过程监理单位设计部共组织设计相关会议97场，日均3场设计会议，峰值单日6场设计会议，通过高效率、高频次的讨论为快速决策提供依据。

14.2.2 设计进度管理

项目全速推进期间，各类突发事件的产生及局部工程的滞后都有可能对整体工期形成严重影响。针对项目设计进度管理，WPEC全过程监理单位开展了大量工作，由设计管理部人员担任"事件推动者"，协助建设单位及使用单位稳定项目需求，拟定项目设计工作计划，细分设计工作节点，将设计工作管理的颗粒度细化到以天为单位。一方面，控制关键节点的严格落实；另一方面，保持次要节点具备一定的弹性，做到计划与工程实际相匹配，较大程度地避免了频繁更改计划而导致"计划赶不上变化"的情况。此外，采用清单式管控，对设计计划、需求引领、事项销项等构建多层级、全方位的管控；每日通过动态信息表，统计设计工作推进情况。

在设计过程中，设计部实施"设计随行"措施，要求设计部各专业工程师与EPC总承包单位设计院各专业负责人相互督促、协同工作，在随时讨论解决技术问题的同时，敏锐发现并应对各种使用需求、材料供应、突发事件的影响，如不能处理则立即上报，通过设计专题会讨论确定。

采用上述措施，既有利于WPEC全过程监理单位快速了解设计思路，达到与设计师同频共振的目的，又有助于有效掌控设计进度和设计质量。在监理单位设计部与设计单位良好的配合下，Ⅰ标段项目仅用3d就完成桩基施工图出图、6d完成建筑及精装方案并通过评审、15d完成主体第一版施工图，有效保障了现场工程进度和材料采购进度。

14.2.3 设计质量管理

本项目为国内首例7层箱式钢结构模块化建筑，且邻近海边，受台风影响较大，因此本项目结构体系重点关注抗震及抗风影响。监理单位设计部协同设计院，建立了由勘察设计大师和业内资深专家组成的专题小组，由国内知名结构抗风领域的专家担任组长，从整体验算、箱体验算、箱体连接节点、预埋构件节点形式、角件盒构造以及箱体在强风地震作用下的模拟分析等方面进行全方位的研讨与评审，对结构的可靠性进行充分验证。

模块化箱体结构因各个箱体之间天然脱缝，如防水工艺设计和施工质量不符合要求，可能导致接缝之间渗漏冒水。为此，WPEC全过程监理单位组织设计院对箱体间的整体防水构造进行专项研究和深化设计，并进行现场实体淋水试验。

对于设计图纸的技术审查，除常规地审查使用需求落实、设计合理性、规范相符性、错漏碰缺等设计缺陷外，还结合项目快速建设的要求，重点关注从设计源头减少复杂工艺，优化节点构造，为施工端创造良好便利的实施条件。例如，Ⅰ标段项目WPEC全过程监理单位设计部共计提出审查意见700余条，有效改善了图纸的深度和质量。此外，得益于"设计随行"措施，WPEC全过程监理单位与设计单位在设计过程中已经就大量技术问题展开讨论，并达成了共识，有效避免了因图纸重大修改而影响现场施工的情况。

需要重点指出的是，由于抢险救灾项目工期极短，对各类建筑材料的需求是爆发性的，单一厂家无法在有限时间内提供如此巨量的产品，因此多渠道采购和购置现货进行工程应用的情况难以避免。而各个分包商的供货渠道不同，很可能导致不同楼栋的专业深化图产生众多的差异，尤其以装修和幕墙专业为甚。Ⅰ标段项目装修有10家分包商，幕墙有4家分包商，采用的材料品类繁杂，深化节点各不相同，商务上的因素对设计深化工作形成了重大影响。针对该情况，WPEC全过程监理单位设计部联合EPC设计院与EPC技术管理部，加强标准管理、图纸管理、深化设计管理等技术全过程管理力度，尽最大可能统一分包大样节点，统筹施工工艺，做到现场施工工艺标准统一。即便如此，在抢险救灾项目的工期压力下，专项图纸深化一定程度上必须进行反向设计方可保证工程进度。在类似的短时限高负荷项目中，设计管理者和成本管理者在深化图的统一性方面需要有客观的认知，在督导监管方面需要有提前的预判。

14.2.4 设计变更管理

本项目设计变更多，且变更原因较为复杂。因此，设计管理过程中须严控设计变更，所有设计变更均需要说明变更原因，非运营、防疫要求的设计变更只用于施工或整改，不单独计价；原因不明或非必要设计变更直接退回，不允许发生。

设计变更主要分为两个阶段。第一阶段为设计施工过程中发生的变更，包括设计自身、现场施工及应急快建等原因发生的变更；第二阶段为验收交付使用后发生的变更，包括因运营单位、国家防疫政策及建设单位需求等原因发生的变更。全过程监理严格执行各阶段设计变更流程，必要时应与项目各方召开专题会议，经设计管理专业工程师确认设计变更无误后，由设计管理负责人下发项目组（包括建设单位各专业组，WPEC全过程监理单位招采部、造价部及现场监理）；施工单位根据设计变更进行施工，已施工内容则需要根据设计变更进行整改。第一阶段的设计变更在施工完成后，由设计院统一反映到施工图中，不单独计价；第二阶段的设计变更需按照正式变更形式出具设计变更，作为竣工图的一部分，便于造价咨询单位进行计价结算。

14.2.5 设计一线赋能

现场施工工作面全面铺开时，设计部要求部门全体工程师下沉到工地一线，以专业技术能力为一线管理赋能，进行每日巡场并形成巡场报告，主动发现问题，思考问题，解决问题。

设计巡场与现场监理人员关注的重点有所不同，设计巡场除核查施工与设计的相符性、施工质量缺陷外，主要关注点在于施工工序是否合理，是否符合设计要求，是否可通过调整设计对施工进度、施工质量、后期运营使用带来提高和改善。对设计的内容负责，将设计的意图贯彻至最终的产品中，并对过程和结果进行把控，是设计管理前线赋能的意义。

14.3 数字化招采管理

14.3.1 合同管理

为契合项目快速建造的需求，项目伊始WPEC全过程监理单位就认真梳理项目合同结构，制定项目合约管理规划，按照投资分布图理清并细分项目投资规模（图14.3-1）。在项目推进的过程中，以可视化的形式呈现，并对投资计划进行每日动态分析和实时控制。

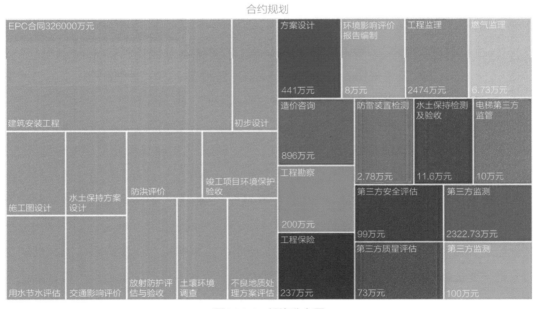

图14.3.1 投资分布图

14.3.2 品牌管理

项目材料设备品牌数量多达350余项，在项目工期压力巨大的情况下，需加速推进材料设备的品牌报审工作。WPEC全过程监理单位按照专业对品牌的数量进行梳理，并同EPC总承包单位制定项目品牌申报计划，以项目现场生产倒逼材料设备采购计划，以材料设备采购计划反推材料设备品牌报审计划。计划制定完成后，WPEC全过程监理单位进行每日动态控制管理，对于已经报审且符合要求的品牌，在每日工作动态表中以销项清单的方式进行汇报。

14.3.3 认价管理

为了加快抢险救灾项目的实施进度，通过快速发包的方式，采用方案设计后的EPC工程总承包。在时间紧急的情况下，各种设计条件不明晰、材料设备的指标参数不明确；同时，项目体量较大，涉及平战结合使用的标准三星级酒店，材料设备种类繁杂，包括污水处理、垃圾就地焚烧、医疗器械等多种工艺设备。因此，项目材料设备定价工作承担了巨大的压力。

为此，WPEC全过程监理单位依照项目所处各阶段施工实际情况，分批询价、快速决策，与建设单位、EPC总承包单位共同成立应急采购工作小组。项目的定价工作分为信息价、预选招标协议价、询价、竞价四种。其中，询价工作由应急采购小组成员共同参与，一个材料设备的询价周期不得超过一周，确认时间不得超过3个工作日。同时，为保证询价结果的合理性、准确性，在重大或大宗材料设备询价工作开展的过程中同步穿插评审工作。最终项目在一个月的时间内完成了100余项询价工作。

14.3.4 预算管理

1. 组织保障

依据IPMT建设组织要求，由建设单位工程管理中心合同预算部牵头统筹，全过程监理、造价咨询共同参与成立项目商务工作保障组，负责项目投资控制、施工图预算、材料设备定价、支付和结算等工作。前端以全过程监理和造价咨询驻场人员组成，主要深入施工现场，围绕本项目EPC合同结算方式和风险控制要求，获取和复核工程计量计价依据、记录（隐蔽）工程施工过程；后端以中心合同预算部和造价咨询人员组成，主要进行施工图预算审核、材料设备定价、结算审核等，实现前端+后强协同工作。同时，充分发挥建设单位经济专业组咨询作用，解决本项目模块化箱体计价、材料设备定价分歧及其他重大商务争议等问题。

2. 动态投资控制

（1）确定总投资。围绕项目建设规模、建设标准和建造方式，通过调研类似项目，分析和比对基础和结构选型、装修标准和材料、机电系统配置，合理确定总投资估算报批，以此作为投资控制目标。

（2）设计可行的EPC发包模式和结算方式。围绕项目建设任务和建设周期要求，采用方案后EPC工程发包模式，结合发包条件和调研情况，制定工程量清单计价+下浮率的结算方式，无信息价材料设备采用询价采购为主的定价方式。

（3）多阶段造价对比。围绕EPC特点，按照设计出图进度，及时跟进施工图预算、设计变更费用编制，及时进行造价测算和动态调整，始终保持不偏离总投资控制目标。

（4）推进材料设备定价。全面梳理无信息价材料设备品类、技术要求及工程量，制定询价采购、引用预选招标协议价、分部组价、现场竞价和询价等多种定价方式，根据材料进场计划实施定价工作。

（5）推行过程结算和动态结算。对具备独立结算条件和基础、结构等单位工程，按照工程进展分楼栋组织过程结算，逐步反映真实的项目投资。

（6）收集和完善结算依据。全过程监理和驻场造价咨询人员每天随项目施工进度，同步跟进现场计量依据和资料收集，包括隐蔽工程、材料设备进场、施工节点、施工方案等内容，检查结算依据的完整性、合法性等，及时纠偏。

3. 总结和思考

针对没有适用定额的新工艺，造价人员驻厂监造，以搜集现场第一手资料，包括工艺过程、人材机消耗等信息，为计价合理性提供参考依据。对于工期紧张的快速建造项目，应及时处理无信息价材料设备的定价询价，造价人员可介入采购过程，以掌握材料设备的价格信息。此外，造价人员应做好现场施工资料的收集工作，如土方的外运弃置、内运、隐蔽工程记录等，以便完整掌握施工过程中的各项费用数据。

14.4 高强度现场监理

本项目作为抢险救灾项目，在实施项目目标落地过程中，需要充分发挥现场监理工作人员的主观能动性。本项目要求在4个月内建设56.2万㎡的工程，监理工作强度之大不言而喻。在高强度、高压力的环境下，通过工作主动性的加强提升，结合工作机制的不断创新，以项目进度管控为主线，强化质量和安全现场管理，最终保证了目标按照拟定计划稳步推进。

14.4.1 项目进度管控成效

针对项目实施过程中影响进度的关键因素，监理单位第一时间发现、第一时间指出，并对相关问题提出纠偏解决的建议。例如，项目场内外的交通组织经常发生"梗阻"状况，严重限制现场的生产效率，监理单位要求EPC总承包单位采用无人机航拍，实时观察现场交通情况，并设置专人对场内外交通进行疏导，大幅改善了交通拥堵的现象。此外，在项目实施过程中，监理单位前端现场人员发现箱体进场进度滞后，已经影响现场安装，于是立即将现场信息反馈至后端驻厂监造部，要求以现场施工需求倒排排产计划，并及时形成箱体加工进度分析报告，上报至建设单位。

针对现场每日的进度执行情况，每天召开监理单位、施工单位和第三方巡查单位的三方碰头会，对相关问题进行梳理分析，同时晚间由三方安排人员进行巡查，形成进度管控"日碰头、夜巡场"常态化管理机制。

14.4.2 项目质量管控成效

项目虽为抢险救灾项目，但质量管控目标不变、责任不减。监理单位联同第三方巡查，对项目的质量进行动态化管控，建立常态化进行的监理—第三方质量巡查—EPC三方每日质量问题销项会。同时，由楼栋的栋号长牵头，形成栋号长负责制的网格化管理，细分管理单位，将管理责任精确到人。监理单位对项目的材料进场到实体安装再到隐蔽验收、观感检视进行全过程管控。对于钢结构及模块箱体，加大驻厂监造人员的投入，如Ⅰ标段项目高峰期驻厂人员多达30余人。现场和工厂均采用举牌验收制。项目质量管控情况总体良好。

14.4.3 项目安全文明施工管理成效

为实现项目"安全零伤亡""疫情零感染"的目标，监理单位严格督促EPC总承包单位落实"六微机制"和"6S管理"要求以及疫情防控"三区两控一专""5个100%"等机制，保障项目安全顺利推进。

项目以钢结构吊装和模块箱体吊装作业为主，加之工期的剧烈压缩，相较传统项目，安全风险点呈倍增趋势，因此，项目总体的安全管控压力巨大。以Ⅰ标段为例，高峰期每日进出车辆达600多辆，项目长期使用的垂直机械多达40台，汽车起重机更是多达63台。每一台大型机械都是较大的安全隐患点。项目在从主体结构向装饰装修阶段过渡时，室内外同步穿插，高峰期作业工人多达万余人。在如此有限的空间内，进行竖向和横向的交叉作业，且项目为24小时连轴作业，其安全管理难度非常大。

监理单位切实落实盯控前移，深度参与工人及特种作业人员的现场安全交底工作。针对大型起重机械安全管控，除按照常规的监理工作流程开展验收、旁站、巡视外，监理单位制定了汽车起重机布置分布图，每日动态了解汽车起重机的位置，每日进行安全专项检查。此外，对大型机械的日常维保工作进行旁站检查，为项目安全顺利实施保驾护航。

疫情防控方面，监理单位负责本单位人员的疫情防控管理、负责协助建设单位开展项目疫情防控工作、负责对施工单位落实疫情防控工作情况进行督促监理；对拒不落实相关措施的，及时向工程监督机构和属地防疫部门报告。

14.4.4 项目档案管理成效

监理单位负责档案资料及签字盖章手续的严格把关，确保档案资料的完整性，督促并组织管理施工单位资料及时报送，文件往来做到上传下达，监理指令文件均有回复。此外，还需编制各类资料的清单台账，使监理单位更好地对工程施工质量、安全、进度及成本等目标进行控制。

在档案载体的创新上，监理单位建立了电子文件和网络信息平台，以及高效的检索机制。电子文件是档案信息化的产物，档案部门建立自己的网络信息管理平台，设置专人负责扫描纸质资料并上传，电子文件则直接上传；建立档案信息资源的网络数据库，按类别建立不同的分库以方便检索；及时更新档案资料并发布相关信息；设立流程平台，实时提醒上传人员流程所处节点和该节点应上传的资料内容。

项目档案管理不单是档案管理员的分内工作，更需要提高监理单位全员档案管理规范化意识。在工程建设过程中，不同资料提供者的共同目标是对工程中的问题进行总结反馈，规范的文件格式和内容、严谨的流转程序，有助于信息快速传递与接收。即使是在抢险救灾项目中，所有的档案文件格式及内容等也应做到严谨统一，版面整洁，签字盖章齐全，资料流转系统完善。

14.5 工业化驻厂监造

基于建筑的超高装配率，使本项目建设具备了典型的工厂化、模块化、标准化的新型建筑工业化特点。特别是针对7层模块化建筑，每个房间都被视为一个单独的模块单元，在工厂中进行预制生产后，运输至现场并通过可靠的连接方式组装成建筑整体。新型建筑工业化是生产方式的深刻变革，将大量原本发生在现场的建造工作前置到工厂，结构箱体制造、箱体装修都在工厂完成，流水作业速度快，工序衔接连续性要求高。因此，工程管理的主战场从工地前移扩展至工厂，这对工程管理监督提出了更高的要求。

模块化箱体以及钢结构加工制作涉及多地、数家制造厂（点），数十道工序环节。箱体制作任务重、需求量大且为短期爆发需求，箱体的加工进度及质量是影响项目整体进度的关键要素。因此，两标段监理单位各派驻30余位监理工程师奔赴不同的厂家进行定点驻厂监造，同时组建专项监督检查小组，同步进行巡回检查。通过定点监造+巡回检查的模式，及时掌握履约进度。

（1）加强制造跟踪管理。根据箱体制造、装饰装修的各个工序，设置6大举牌检验点，分别是原材料进场验收检验、角件盒验收检验、箱体组装验收检验、墙体安装验收检验、机电管线验收检验、成品箱验收检验。通过统一各厂家的施工要求和监管要求，定期发送巡检报告，要求施工单位对问题、隐患及时整改，确保施工质量。驻点监理工程师实行白夜班制度，全天候跟踪制造全过程，对隐蔽工程逐项检查，落实举牌验收制度，确保隐蔽工程质量。

（2）关键工序管理。模块化箱体结构制造阶段，前期角件盒焊接成为项目施工瓶颈，焊接质量和焊接效率均无法满足进度要求，严重制约了模块化箱体的结构制造进程。为进一步推动关键瓶颈工序，监理单位派出专员驻点，约谈施工单位，集结资源，突破关键工序。EPC总承包单位由此启动角件盒专项攻坚队，从全国抽调优秀焊工支援角件盒焊接，同步对未生产的角件盒采取集中供应模式，由EPC总承包单位下属专业钢构厂家集中生产制造角件盒，确保角件盒的质量和生产进度。装修阶段，重点管控原材料进场管理和隐蔽工程验收，确保关键工序检查落实到位。

参建各方高效协同、通力协作，严控工厂生产环节的箱体和钢构件的质量品质，成品箱体或构件出厂前由总承包、工厂和监理三方共同验收，严把箱体出厂关，决不将质量问题带出厂外。

模块化建筑施工管理的维度和颗粒度与传统建筑施工管理存在显著差别，因此，模块化建筑工程管理的重心从施工现场转移到了制造工厂，工序管理、工厂监督成为主旋律。监理单位驻厂部以施工工序管理和监督为工作重点，为项目履约提供了强有力的支撑。

第15章
建设单位工程实践与应用经验

15.1 快速施工需求下的"三图两曲线"体系应用经验

15.1.1 "三图两曲线"体系介绍

为实现快速建造、达到装配式策划目标的要求，本项目通过绘制"三图两曲线"（网络计划图、进度计划甘特图、工程计量矩阵图、形象进度曲线、项目资金支付曲线），极大地缩短了项目建设周期。其中，构建"三图两曲线"工期管控体系优势总结如下。

（1）理论体系完备：环环相扣，可实现指挥调度、计划编制、工程施工之间的联动与衔接。

（2）时间跨度广阔：涵盖项目建设的各个阶段，贯穿项目管理全周期。

（3）管理内容全面：可实现设计、报批报建、招标采购、使用需求、施工等各条线全过程把控、系统推进。

（4）适用层级广泛：通过调整时间单位的颗粒度，可实现项目日调度、建设单位工程中心周调度、建设单位机关月调度。

（5）表现形式丰富：图表设计重点突出、直观明了、精简易懂、形式丰富、便于使用。

15.1.2 "三图两曲线"实践经验

1. 应用要点

（1）网络计划图应用要点

在网络计划图实际应用过程中，格式统一要求为：①确定项目"节点（任务）集"。节点（任务）应定义重要等级，包括里程碑级、一级、二级等，原则上里程碑级、一级为建设单位管控级，二级为建设单位工程中心管控级，三级及以下为项目管控级。②明确前置节点（任务），以体现网络关系。③节点（任务）的颗粒度至少应达到单位工程和分部工程。如图15.1-1所示。

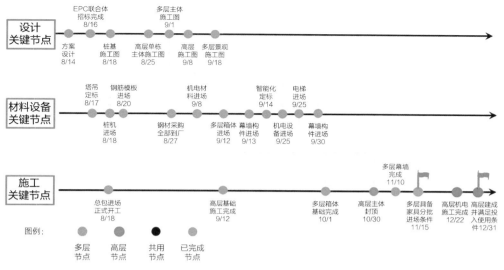

图15.1-1　Ⅰ标段网络计划图

（2）进度计划甘特图应用要点

在网络计划图管控一级节点的基础上，通过进度计划甘特图管理项目进度的二、三级节点，把控关键线路，同时与智慧工地短期进度管理系统1.0互相关联。其中，项目阶段颗粒度应达到单位工程和分部工程，并与矩阵图产生关联。同时，应赋予产生投资的节点（任务）投资属性，便于与投资曲线产生关联。如图15.1-2所示。

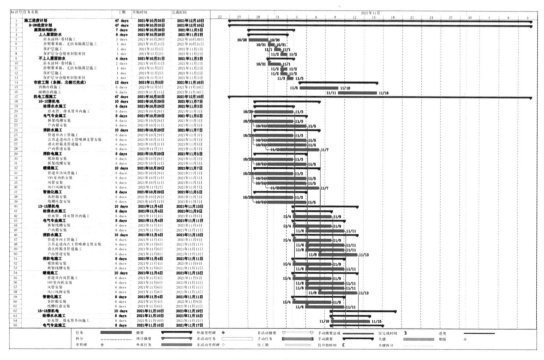

图15.1-2　Ⅰ标段进度计划甘特图

（3）工程计量矩阵图应用要点

在工程计量矩阵图层面，应更加细致地展现各项工程的进度"横断面"，包括作业面、工人配置、工作内容、工作量完成和进度状态等。矩阵图支持各级管理，且直接反馈最底层的问题，能够体现空间、工程量等属性；赋予时间要素，与进度计划甘特图计划对应；赋予投资估值，与形象进度计划曲线对应。此外，编制矩阵图时，通过赋予人、机、料等属性，拓展创新应用。如图15.1-3所示。

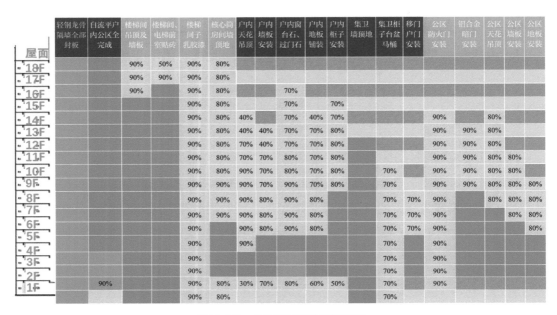

图15.1-3　Ⅰ标段工程计量矩阵图

（4）形象进度曲线应用要点

为了更直观地展现工程的整体进度，绘制了项目的"形象进度曲线"。本项目按项目全周期、年、季度分别编制形象进度曲线，其中全周期曲线以季度为单位，年度曲线以月为单位，季度曲线以周为单位。通常情况下，该曲线在项目初期编制，并在项目建设过程中动态调整。形象进度曲线应包括计划完成、实际完成和时序进度三项数据，必要时增补纠偏计划。曲线表明，建筑工业化更早地在空间、时间上实现了工序穿插以及工效提升。如图15.1-4所示。

（5）项目资金支付曲线应用要点

形象进度的工程额和实际支付的金额之间一般存在数值差和时间差，通过项目资金支付曲线中的财务付款数据，可以清晰、直观地了解项目支付情况。如图15.1-5所示。

2. 经验总结

（1）注重体系性。"三图两曲线"之间是一套环环相扣的联动体系，每个项目的"三图"应通过同一套"节点（任务）集"实现关联和衔接，甘特图及工程计量矩

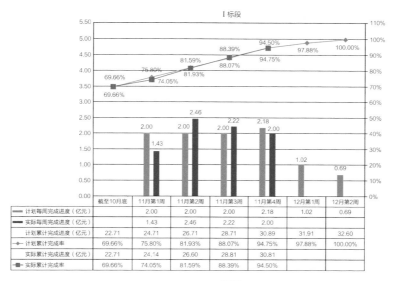

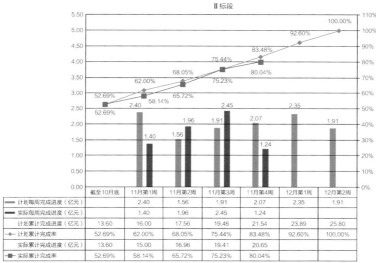

	截至10月底	11月第1周	11月第2周	11月第3周	11月第4周	12月第1周	12月第2周
计划每周完成进度（亿元）		2.00	2.00	2.00	2.18	1.02	0.69
实际每周完成进度（亿元）		1.43	2.46	2.22	2.00		
计划累计完成进度（亿元）	22.71	24.71	26.71	28.71	30.89	31.91	32.60
计划累计完成率	69.66%	75.80%	81.93%	88.07%	94.75%	97.88%	100.00%
实际累计完成进度（亿元）	22.71	24.14	26.60	28.81	30.81		
实际累计完成率	69.66%	74.05%	81.59%	88.39%	94.50%		

	截至10月底	11月第1周	11月第2周	11月第3周	11月第4周	12月第1周	12月第2周
计划每周完成进度（亿元）		2.40	1.56	1.91	2.07	2.35	1.91
实际每周完成进度（亿元）		1.40	1.96	2.45	1.24		
计划累计完成进度（亿元）	13.60	16.00	17.56	19.46	21.54	23.89	25.80
计划累计完成率	52.69%	62.00%	68.05%	75.44%	83.48%	92.60%	100.00%
实际累计完成进度（亿元）	13.60	15.00	16.96	19.41	20.65		
实际累计完成率	52.69%	58.14%	65.72%	75.23%	80.04%		

图15.1-4　形象进度曲线

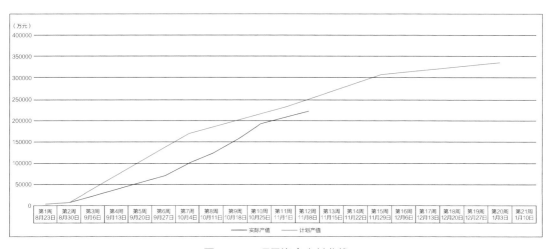

图15.1-5　项目资金支付曲线

图的计划和完成情况应分别对应形象进度曲线中的计划完成投资曲线和实际完成投资曲线。

（2）落实全周期进度管理。按项目全周期、年、季度分别编制甘特图和形象进度曲线，其中全周期曲线以季度为单位，年度曲线以月为单位，季度曲线以周为单位。同时，按日填报工程计量矩阵图，确保以日保周，以周保月，以月保季，以季保年。

（3）加强"三图两曲线"调度应用。分层级嵌入项目日报、周报、月报中实时展示进度情况，每日研判调度，及时发现滞后工序和滞后分项，分析滞后原因，利用立项销项机制及时整改。

（4）增补投资纠偏曲线。为应对疫情防控、不利天气等突发因素留足余地，按照纠偏目标，最大限度地组织资源，最大限度地利用空间和时间的穿插，极力拓展施工作业面，提前做好劳动力计划，落实人、机、料计划安排。

15.2 安全生产需求下的"四队一制"体系应用经验

15.2.1 "四队一制"体系介绍

1. 背景介绍

建筑行业领域质量安全风险无处不在、无时不有，从某种程度上讲，质量安全工作的本质是防范、化解、控制风险，使其达到可接受的程度。风险的大小取决于人的安全素质、物和环境的可靠程度，根本上取决于管理水平的高低，取决于企业主体责任是否落实到位。

从人的角度来讲，建筑产业长期缺乏产业工人，安全素质偏低的状况没有得到根本性的改变；管理人员安全意识不强，安全知识和安全管理技能匮乏，对安全管理工作重视程度不够，往往发现不了问题，找不到解决办法。这种情况是普遍存在的。从物和环境的角度来讲，企业的安全工作还停留在被动发现隐患、整改隐患的低层次简单循环上，没有建立起定时、定人、定责任、定制度的有效机制，不能及时发现并消除隐患，更缺乏对风险的辨识和分析；安全工作缺乏预防性，预防工作缺乏主动性、针对性。从项目实施单位的角度来讲，企业在项目的资源配置、制度建设、组织管理、技术创新、培训教育等方面缺少强有力支撑，没有主动研究问题并提出针对性对策。因此，必须坚持问题导向，聚焦薄弱环节，精准发力，务求实效。

针对我国建筑行业领域安全方面的主要问题，本项目管理团队聚焦薄弱环节，精准发力，建立了"四队一制"。

2．体系介绍

当前安全生产工作仍然处于爬坡期、过坎期，安全风险点多面广，通过"四队一制"体系加强安全生产与风险防范，将责任进一步压实，管理进一步精细，构筑更加牢固的安全生产防线，提高现场安全风险管控的效率与水平，落实"责任机制化""管控精细化"工作要求。"四队一制"体系具体工作要点及其解决痛点如表15.2-1所示。

"四队一制"体系　　　　　　　　　　　　　　表15.2-1

制度	工作要点	解决痛点
总包楼栋长制	对所在区域、楼栋、楼层等物理空间的质量及安全隐患问题以及6S管理问题，实现专人监管、专人整改落实	统筹加强对分包单位的管理，现场分区域明确安全生产主体责任，采用网格化管理手段，明确责任分区、责任单元，压实责任到人
总包6S专项清理队	开展以整理、整顿、清扫、标准化、素养、安全为内容的6S管理活动，持续改善现场文明施工与工作环境	解决分包单位完工清场不落实、公共区文明施工管理不到位以及抢工阶段现场安全文明施工不及时和标准不高的问题
总包违章作业纠察队	针对人的不安全行为，及时制止，管理责任下沉到分包单位，配套奖惩措施要执行到位	对人员违章作业行为及时纠正，降低不安全行为风险，解决现场违章行为，及时发现并制止屡改屡犯的问题
总包技术审核把关队	负责对危大工程技术方案、安全技术交底、作业指导书进行审核把关，贯彻落实	解决高风险施工技术方案、安全技术交底、作业指导书针对性不强、实操性不够以及方案和现场执行"两张皮"的问题
总包重大隐患整改队	对检查发现的重大隐患限时整改消除，复查闭合	及时发现重大隐患并及时整改，提高隐患整改"3个100%"（100%发现、100%上传、100%整改）闭合率

15.2.2 "四队一制"实践经验

1．要点解析

1）"四队一制"与项目原有组织架构的关系解析

"四队一制"与项目生产系统的关系要点分为两个方面：①重大隐患整改队与生产系统的关系要点。重大隐患整改队队长是项目经理，组员涵盖生产、安全、技术、商务等项目班子、楼栋长及分包负责人，对重大隐患的整改比生产系统有更大的力度和资源，能确保重大隐患的及时、有效消除。②6S专项清理队与生产系统的关系要点。6S专项清理队是专门成立开展6S清理活动的组织，配备了实施6S活动的工人和若干名管理人员。而生产系统施工员等岗位只是兼职做好施工任务的同时，做好施工范围内的文明施工。

违章作业纠察队与安全监察系统之间也存在需要注意的关系要点。违章作业纠察队队员为总（分）包的部分专职安全生产管理人员，侧重现场作业人员行为的纠察，主要针对发生事故的最主要原因——人的不安全行为。而安全监察系统的工作内容很广泛，包含教育培训、监督检查、应急管理等各个方面。

此外，技术审核把关队与技术系统的关系要点为：技术审核把关队队长是技术总工，组员涵盖方案编制人、生产经理、安全总监、专业工程师等，主要针对危大工程等重大风险施工进行审核把关，相比技术系统，可以从不同的视角，更加全面、科学地进行审核把关。

2）"四队"与"一制"的关系解析

（1）实施重大隐患整改队并不免除楼栋长的隐患整改责任，楼栋长及其管理团队仍然是各个区域、楼栋、楼层等物理空间隐患整改的主体责任人，一般隐患首先由楼栋长组织资源予以整改，对于涉及重大隐患和楼栋长无法解决的隐患，则由重大隐患整改队予以整改消除。

（2）实施6S专项清理队并不免除楼栋长的6S管理责任，楼栋长及其管理团队仍然是各个区域、楼栋、楼层等物理空间6S管理的主体责任人，但对于涉及公共区域或为迎检、重大活动、代工整改等进行的6S提升工作，则由6S专项清理队予以统筹协调处理。

（3）实施违章作业纠察队并不免除楼栋长的违章作业检查与整改责任，楼栋长及其管理团队仍然是各个区域、楼栋、楼层等物理空间人员作业行为管理的主体责任人。违章作业纠察队仅作为项目层和分包层专职开展违章作业纠察的队伍，强化对人员安全行为的管控，及时发现、制止并落实奖惩。

（4）技术审核把关队重点负责对危大工程技术方案、安全技术交底、作业指导书进行审核把关，是对技术团队工作成果的再审查和再复核。楼栋长及其管理团队需参与到技术审核中，强化方案的适用性和科学性，同时贯彻落实方案要求。

总体来说，"四队一制"是对项目原有组织架构及管理能力的补充和强化，目的是在一些关键环节和重大问题上增加一条安全管理防线，进一步压实责任和精细管理，确保项目安全文明施工。

2. 经验总结

（1）建立"连坐制"和"清退制"安全处罚办法。"连坐制"即班组1人违章作业，整班组停工15min，再次开展集体安全教育；若2人以上或2个班组都存在违章作业，则整楼层停工15min，再次开展集体安全教育。该制度在不耽误工期进度的前提下，增强了班组内外部的监督，营造了相互督促守安全的良好氛围。"清退制"是指对违章作业中拒不遵守安全要求的工人或班组长，给予清退，从而强化一线人员的安全意识。

（2）建立奖励机制。通过总承包单位开展一系列的优秀班组流动红旗活动，对整改班组人员进行奖励和表扬。

（3）总包违章作业纠察队每天现场进行安全巡查，对安全行为表现较好的个人予以

"安全文明积分卡"奖励，可用卡片兑换相应奖励，做到快速的"你优秀我奖励"。

（4）通过召开奖励大会、视频、奖励张贴榜进行宣传，既可提升工人对遵守安全的幸福感、自豪感和成就感，也营造了"我要安全"的争先创优氛围。

（5）施工单位应根据生产运行特点，制定隐患排查计划，明确各类型隐患排查的时间、目的、要求、范围、组织级别及人员等。

15.3 统筹协调过程中的全过程全方位指挥调度经验

建设单位6大职能部门联合成立工程建设组，根据工作专业下设6个小组，对工程设计、招采合约、材料设备、督导建管等进行管控；由项目组与WPEC全过程监理单位、EPC总承包单位按专业统一设置6个工程管理执行小组，实现了专班领导工作一体化、工程建设管理一体化、工程管理执行一体化，大大加快了项目决策审批、资源协调效率。

15.4 考虑社会效益的抢险救灾项目预算管理经验

15.4.1 工程造价管理的重点及难点分析

1. 过程投资控制

本项目按照抢险救灾工程组织建设，在方案设计完成后采用EPC发承包模式发包。投资控制的首要任务是在总投资限额约束下，加强项目在实施周期的造价管理，及时比对实际投资（概算、预算、变更费用等）与估算投资差异，在满足项目建设规模、建设标准、使用功能和需求、质量安全、建设进度和抢险救灾工程要求的基础上，防范项目实际投资超估算的风险。

2. 计价模式的特殊性

本项目在方案设计完成后采用EPC发承包模式发包，按照工程量清单模式计价结算，综合单价按照当地现行消耗量定额计取后下浮一定比例，其他取费按照当地现行有关计价费率标准计算，无信息价材料设备按照市场询价或竞价确定（不参与下浮）。这种计价模式必然会在综合单价确定、材料设备定价、措施方案及计费、取费基础等方面存在较多的争议点，工程造价的确定会是一个持续较长的过程，投资控制也将是一个持续推进、逐步明确、动态纠偏的过程。

3. 设计限额和限额设计

按照基本建设程序、投资控制原理和设计阶段要求，在估算和EPC合同确定投资数额的基础上，在初步设计开展前，需将估算投资分解为初步设计限额；初步设计完成后，按初步设计编制概算和调整施工图设计限额，控制施工图限额设计。此外，应结合本项目两个地块具体需求，有条件地统一设计标准（体系、选材料、设备选型）和材料设备技术要求（参数、规格、档次）等，协作分工、互为借鉴，提高工程造价管控效能。

4. 动态施工图预算

抢险救灾工限最大限度地发挥了EPC工程总承包模式的设计与施工有条件的搭接，即"边设计、边施工、边修正"的分阶段、分专业、升版次施工图设计；对于造价管理的施工图预算，将随施工图出图进度和不同版次施工图进行编制，用于过程造价管理和投资动态控制。

5. 材料设备多方式定价

本项目EPC工程总承包合同为竞争费率计价方式，无信息价的材料设备均需通过市场询价或竞价等方式定价，受建设工期约束、设计和材料设备采购进展等因素影响，材料设备定价将存在定价和认质认价两种方式。对于材料设备定价，应在材料设备实际采购前，依据设计文件明确的技术要求（规格、参数）和品质（品牌、档次），通过询价或竞价的方式确定材料设备价格；认质认价是对基于既成实事的已采购或进场的材料设备构配件进行质量鉴定和认定后，按照实际采购的材料设备技术要求和品质，被动地或依据有关证明材料确定材料设备价格，风险较大。本项目应优先采用定价，包括询价采购、竞争性谈判、询价比价、跟标定价、引用建设单位预选招标协议价、招标采购等；对于来不及定价但已先行采购的材料设备，原则上要求承包人提供"四流合一"［合同流、资金流、货物（服务流）和发票流应一致］计明材料认价，其次采用询价比价、调研等方式认价。

6. 建筑装配式计价

本项目具有抢险救灾工程的特点，运用快速建造体系，按照装配式建筑设计建造，装配式建筑评价达到国家最高的3A级水平。项目除钢结构部分外，还有模块化钢结构箱体、装配式装修等新型装配形式，其计价方式应依据项目特点、工艺工法等实际情况加以研判。

7. 变更费用控制

依据EPC工程承包合同约定，本项目变更分为A、B两类，此两类变更以经批准的施工图为基础，严格执行合同约定的A、B类变更判定标准。同时，需考虑项目特殊性和极限进度约束条件，在建设单位工程变更管理办法和工程管理平台审批流程的基础上，简化和优化变更流程，提高工程变更费用审核的准确性和效率。

15.4.2 工程造价管理的管理和措施

1. 创新商务IPMT，保障团队协作

项目采取"IPMT（一体化项目管理）+EPC（设计、采购、施工一体化的工程总承包）+WPEC（全过程监理）"模式进行建设管理，在项目联合管理团队（IPMT）基础上，以建设单位合同预算部牵头统筹WPEC全过程监理、造价咨询和EPC工程总承包单位组建项目商务工作保障组，负责项目建设实施期间的投资控制、施工图预算、材料设备定价、资金计划、工程计量、支付审核和动态结算等投资控制和造价管理工作。商务工作保障组充分发挥联合管理团队目标统一、消除壁垒、信息互通、共议即办等优势和特点，在项目建设实施期间始终保证投资动态受控，保障资金需求，服务项目建设。

2. 发挥前端控制，加强后台支撑

构建前端+后台联动工作机制，优化传统模式的监理与造价咨询商务工作分割、现场信息与商务工作信息延迟的弊端，从横向和纵向打通商务工作流程。前端以监理造价工程师和造价咨询单位驻场人员组成，跟踪设计进度和传递设计成果文件，统计投资数据和编制投资报表，策划和督办结算资料，获取和复核工程计量计价依据，组织现场造价协调等工作。后端以建设单位工程管理中心合同预算部为中心，统筹商务和重大问题决策；造价咨询单位实施施工图预算审核、材料设备定价、结算审核等后台支撑。

3. 建立巡查机制，写实记录依据

本项目围绕EPC工程总承包合同及计价特点，与工程建设实施进度同步跟进现场计量依据和资料收集。①动态记录现场资源（人、材、机）投入，佐证和测定特殊消耗量。②查验重要的隐蔽工程，以视频或照片留证，形成2374张照片及影像资料若干。③核对重要的材料设备品牌和规格，佐证定价和认质认价。④抽查重要变更实施情况，印证实体工程与设计文件一致。⑤抽查重要施工方案实施情况，调整措施项目费用计取依据。⑥围绕现场情况当场向监理工程师和承包人提出计量结算依据要求，对后期计量结算进行提前预控。

4. 立项销项机制，加强过程管控

建立立项销项工作机制，有效保障造价问题的及时处置。①对投资控制和造价管理重点工作、重要环节和依据条件等进行全面分析研判，列出督办事项清单跟踪销项。②对围绕现场巡查发现的涉及计量计价依据的，制订整改闭合清单，限期闭合。③围绕立项销项清单落实情况动态编制日报，本项目实施期间共编制商务工作日报120份。④对于久拖不决或效率偏差的事项，专项书面督办，本项目共发出事项督办联系单37份，涉及施工图预算、材料设备定价、提交计量计价依据等。

5．加强数据统计，反映投资进度

通过现场收集工程形象进度和实体工程计量，编制完成产值日报，以完成投资数额量化工程建设进度，为进度管理提供决策参考依据。施工图预算编制阶段，以估算分解对应形象进度测算投资完成额，用于项目早期报告数据；施工图预算编制后，按照产值计划和实物工程量统计产值计量数额，按估算口径转换和修正实际完成投资数额数据，确保投资报告的准确性。

6．推行动态结算，助推项目管控

推行过程结算和动态结算：①按月进行工程计量；②对具备独立结算条件的基础、结构等单位工程在完工后组织结算；③按照工程进展分楼栋组织过程结算。动态结算的目的包括四个方面：①依据月度工程计量修正投资统计偏差，确保统计数据准确；②通过工程计量发现影响计量计价问题，及时纠偏并完善依据；③依据动态结算造价实施投资比对，实现全过程投资动态控制；④围绕工程计量确认支付数额，保障资金风险和资金需求。

7．多级协调机制，权威解决争议

EPC工程总承包模式下，施工图预算、新工艺（如模块化箱体）计价、材料设备定价等争议较为尖锐，根据争议事项性质、分歧程度及问题复杂程度，按照商务工作保障组、经济专业组、造价管理机构的形式进行分级处置。商务工作保障组负责对争议问题充分调研并组织洽商，提出处置意见或建议；如承包人对商务工作保障组意见继续持有异议，则由商务工作保障组将该争议提交经济专业组的造价专家评审，按照专家组意见执行；涉及计量计价政策、规范和定额解释等问题的，应向相关造价管理机构咨询，取得咨询意见和指导方案。

第16章
EPC模式工程实践与应用经验

16.1 快速响应需求下的组织结构创新及EPC模式优势

EPC总承包单位为了能够圆满完成本项目的建设任务，在项目组织架构上进行了前所未有的创新和提级。以Ⅰ标段的EPC总承包单位为例，由集团党委书记、董事长亲自任指挥长，党委副书记、总经理任常务指挥长，其他集团领导班子按分管业务各自担任相应板块及职能线责任人。大部分管理人员在原岗位均担任重要职务统筹管理团队，但在本项目仅作为一个普通的楼栋长或工长，听从项目统一安排统一调遣，每个人都在岗位上尽心尽责，统筹公司资源高度倾斜至本项目，并对项目进行兜底。

项目构建"EPC+党建"的矩阵式架构，纵向设置职能线（设计、技术、商务、生产等），横向设置专业线（钢结构专业、机电专业、装饰装修专业、幕墙专业、市政专业等），职能线与专业线之间相互协调、沟通，确保每一个问题都能在职能线与专业线得到充分研究，每一次选择及决定都能听取各方意见将影响最小化、权益最大化。同时，结合EPC单位未来业务板块发展方向，开创性地引入钢构负责人、模块化负责人、室外负责人，形成板块、职能、专业负责人的三维决策体系，保证每次决策都能代表EPC单位最先进的管理理念和最强大的专业水平。

在抢险救灾工程中，EPC模式充分体现了以下优势：①"一次招标，分类采购，简化流程"的快速优势；②"设计、招采、施工、运营无缝对接"的高效优势；③"纵向全项目生命周期协同，横向各参建单位之间协同"的协同优势；④"责任集中，激发总包的积极性，激发设计的能动性"的激发优势；⑤"通过一体化管理，减低成本，产生经济效益和社会效益"的增效优势；⑥"设计及采购阶段充分考量可施工性保证措施"的保证优势。

16.2 面向抢险救灾项目的设计协同工作经验

由于抢险救灾项目工期的紧急性，留给设计阶段的时间极其紧迫，且在设计对接过程中会多次出现设计图纸变更，对设计人员的资质和经验提出了较高的要求。在设计阶段，EPC模式可有效把握服务快速建造的要求并反馈至设计端，采用DFMA（Design for Manufacture and Assembly，制造和装配设计）的设计理念，在考虑产品功能、外观和可靠性等前提下，通过标准化集成设计提高产品的可制造性和可装配性，从方案阶段到竣工交付全过程正向应用BIM设计，减少"错漏碰缺"，缩短设计时间，将模型、信息数据、图纸图标整合后，传递给生产和施工，以设计贯穿生产、施工和交付的全过程，从源头上保证了项目的高质量和高效率。同时，需要加强对项目设计人员的培训，提高项目管理水平，使得项目设计具备科学性与合理性，确保项目的设计方案满足建设单位的需求。

抢险救灾项目工期短、变更多，对设计配合的需求高。设计团队24小时驻场，加强与生产、施工和采购部门的沟通交流，把控设计的技术细节，明确采购的特殊要求，为各部门提供技术支撑，确保工程按进度推动。此外，通过采用新型设计复制技术，如BIM正向设计技术、设计-生产协同平台等，能加强设计阶段各专业的沟通，提升设计效率，减少因设计碰撞而造成的设计变更。

16.2.1 设计管理工作模式

1. 管理模式基本原则

（1）设计生产与设计管理：主设计生产与设计管理同步开展，设计现场与建造现场合二为一。

（2）设计现场与建造现场：设计生产团队全专业驻场，设计现场与建造现场合二为一，信息传递简化和高效。

2. 设计计划管控

设计内部计划从三个维度制定，即出图计划、制约因素解决计划、设计成果确定计划。各专业管控人负责本专业计划的执行，每日组织例会检视计划执行情况并及时进行纠偏。对于设计内部不能解决的，及时上报到更高层面进行协调推进。

3. 设计计划协同

设计出图计划需要与现场及商务图纸结合；设计制约因素解决计划体现设计资源投入、建设审批、商务要求等内容，由专人专项跟进。此外，还应研读项目合同，理清设计成果，确定流程，做好文件传递记录。

4. 深化设计协同

列明各深化设计对一次设计的管控要点，形成专项检查表格并组织核查；深化设计中补充表达的内容与一次设计结合，满足核量核价的要求；深化设计评审和确定留存记录。

5. 商务协同

商定协同机制，原则上分专业形成小组，商定内容、时机等具体内容，点对点沟通提升效率；商务要求设计语言化，形成专项技术要求入图并检查闭环。

16.2.2 极限需求下的设计沟通协调

1. 基本思路

明确协调沟通对象、理清沟通协调内容、制定沟通协调模式，做好沟通协调记录。

2. 梳理沟通对象，建立详细名册

项目内部的沟通对象根据专业进行列明，细化到各个职能线对应的各个专业及人员，每一项具体的事情都有明确的对接点。如表16.2-1所示。

沟通名册 表16.2-1

沟通对象		姓名及联系方式
主要沟通对象	合同建设单位	
	建设使用方	
	建设手续方	
	直接合作方	
关联沟通对象	实施分包	
	关键设备供应	
	专家论证方	

3. 摸底沟通对象，理清沟通协调的关键点

项目沟通协调关键点梳理见表16.2-2。

沟通协调关键点 表16.2-2

沟通对象		关键点梳理
主要沟通对象	合同建设单位	（1）对招标文件理解的一致性 （2）对其管理内容的工作思路及要求 （3）对其管理架构及分工的梳理
	建设使用方	（1）对其管理架构及分工的梳理 （2）对其运营要求在专业技术上的梳理
	建设手续方	（1）对涉及的建设手续内容的梳理 （2）对涉及的配合资源需求的梳理 （3）对涉及的联系人信息进行整理
	直接合作方	对外设计资源团队架构、分工等的详细整理

沟通对象		关键点梳理
关联沟通对象	实施分包	对其管理架构及分工的梳理
	关键设备供应	（1）对其管理架构及分工的梳理 （2）对其主要技术人员进行整理
	专家论证方	（1）对涉及论证的项进行梳理 （2）对论证项的流程进行梳理 （3）对论证项涉及的专家资源进行整理

4. 沟通协调内容

项目沟通协调内容见表16.2-3。

沟通协调内容   表16.2-3

内容分类	沟通对象	内容要点
设计	项目内部	（1）施工大节点（桩基、主体） （2）施工总平面及流水（起重机位、堆场等） （3）商务策划 （4）设计资源到位要求 （5）图纸下发及深化设计流程
	项目外部	（1）报批事项、时限、前置条件 （2）审图单位确定、时限、前置条件 （3）论证等相关要求

5. 沟通协调模式

项目内部形成职能、专业两个维度的矩阵式沟通模式，通过矩阵设计协调事项下沉到全专业；项目外部形成专人专项的负责机制，多头对各个部门，由设计总监统筹负责；与合同建设单位的沟通协调以定期主动汇报的方式开展，由设计总监执行。

16.3 增质提效需求下的标准化采购管理经验

16.3.1 合约管理经验

在抢险救灾项目中，不少合同的订立需要在短时间内完成，这就要求在短时间内对承包人和发包人资质以及签订的合同完成考察和审查工作。因此，对于合同管理提出了更高的要求。

首先，需要对合同内容、招投标过程，以及投标人资格进行校核与审查，以确保合同内容完整、招标过程合规、投标人资格合格，尽可能规避可能存在的风险和问题。

其次，需要加强对合同变更的防控。这是因为，在抢险救灾项目中会经常出现方案调整等情况，进而需要对合同进行变更，从而引发赔偿等问题。故而需要加强对合同变更情况的管理，降低由于变更而产生的风险。

最后，需要增强风险意识，在合同中增加风险条款。以施工过程为例，需要建立风险管理应急机制，编制应急管理方案，来降低区域内发生风险的概率。即便是发生了意外，也可以将其对工程项目的损害降低到最小。

16.3.2　采购管理经验

由于抢险救灾项目的突然性，导致采购的需求不明确，且采购时间短、采购用量大。这会导致部分采购回来的设备、材料不满足项目设计的要求，也会给应急资源的分配造成一定的难度。因此，首先，要标准化采购流程和制度，对供应商的资质进行审查，保障采购合法、合规。其次，需要加强设计与采购的协同联动，形成双向信息对接。尤其是采购特殊设备和材料时，要满足设计的技术要求，同时要在设备接收安装后提供相关验收证明文件。此外，需要实现资源的合理配置，摸排材料现状、场地情况、运输周期、场内劳动力等，制定采购及进场计划，确保设备和材料能高效入场。而当发生应急突发事件时，也要能做到合理调配、实时调整、及时应对突然情况。

16.4　全过程全空间全工序的施工管理经验

现场施工管理是EPC模式众多环节中最为重要的一个阶段。由于抢险救灾项目的特殊性，使得施工现场的环境极为复杂，给现场的施工管理工作带了极大的挑战。因此，首先，要制定严格的管理制度与机制，以规范和把控现场的作业，同时，采用立体交叉作业，统筹场内外交通指挥调度系统。其次，要加强对项目施工的目标把控。目标主要分为三个维度：进度、质量和安全。在进度管控上，可制定明确的施工进度计划和采用快速建造技术，应用投资进度曲线、甘特图、状态图等手段，按小时倒排进度计划，实现从宏观、中观到微观的超细颗粒工期管控；在质量管理上，需统筹现场管理，压实主体责任，严格控制质量验收环节；在安全管理上，需建立安全管理机制，加强安全管理培训，落实隐患排查措施，并且需要新型工业化、智慧化的建造技术辅助配合。

16.5 强化组织保障构建协同机制的投资管控经验

1. 创新成立商务工作保障组，加强统筹

认真、全面地研究"一体化项目管理团队（IPMT）"工作方式和目标控制原理，在项目商务工作重点难点分析的基础上，结合专班组织模式，以建设单位工程管理中心合同预算部牵头统筹，2家全过程监理单位、2家造价咨询单位共50余名造价人员共同参与成立项目商务工作保障组。自2021年8月13日开始，快速响应，以项目为中心，全过程、全天候、全要素、全方位地铺开项目投资控制、施工图预算、材料设备定价、资金计划、支付审核和结算等投资控制和造价管理工作，始终保证投资动态受控，保障资金需求，服务项目建设。

2. 构建前端+后台联动机制，有序推进

商务工作保障组统筹协同、凝心聚力，降低地理限制，提高统筹调度效率，构建前端+后台联动工作机制，避免传统模式的监理与造价咨询商务工作分割、现场信息与商务工作信息延迟的弊端，横向和纵向打通商务工作流程。前端以监理造价工程师和造价咨询单位驻场人员组成，跟踪设计进度和传递设计成果文件，统计投资数据，编制投资报表，策划和督办结算资料，获取和复核工程计量计价依据，组织现场造价协调等工作；后端以中心合同预算部为中心，统筹两个地块商务和重大问题决策，由造价咨询单位实施施工图预算审核、材料设备定价、结算审核等。

3. 引入专家评审和外部支持机制，依法合规

EPC工程总承包模式下，施工图预算、新工艺（模块化箱体）计价、材料设备定价等争议和分歧不可避免，针对此类问题，一是提交建设单位经济专业组进行造价专家评审，提供专家支持和解决方案；二是对有关计量计价政策、规范和定额解释等问题向相关造价管理机构咨询，取得咨询意见和指导方案。

第17章
WPEC模式工程实践与应用经验

17.1 面向抢险救灾项目的人员快速集结响应经验

自接到项目建设指令后，WPEC全过程监理单位立即从全国各地抽调骨干力量，涵盖项目管理、土建、给水排水、暖通、弱电、强电、造价、BIM、后勤保障等精英团队奔赴一线，Ⅰ标段共86人，Ⅱ标段共75人。公司董事长、总裁及党委书记第一时间亲临项目现场，督导指挥。

项目整体架构除满足招标文件的要求，更是按照前所未有的高标准配置。如Ⅰ标段的WPEC全过程监理单位到岗86人中，持国家级注册证书36人，高级职称及以上9人（含3人教授级高工），中级职称43人。项目负责人曾获得3项鲁班奖，设计管理负责人及项目总监具有丰富的装配式建筑经验与业绩，造价负责人及综合关管理负责人均为重点项目全过程咨询部门负责人。

四个月的时间里，WPEC全过程监理单位以"战斗精神"激励每个参建人员。"战斗精神"不仅包括敢打必胜的坚定信心、英勇顽强的作风、勇于牺牲的献身精神，还包括令行禁止的纪律观念、讲究科学的时代精神。160余名可爱可敬的建设者每人每天的工作时间都在16小时以上，连续作战，轻伤不下火线，从未有过一人请假。

17.2 严密有序的组织结构及岗位责任

WPEC全过程监理单位采用"指挥部+项目管理部"的管理模式，由公司总裁亲自任总指挥长，党委书记、副总裁任副总指挥长。下设项目负责人、项目副经理、设计管理部、造价合约部、综合管理部、项目监理部及驻厂监造部。公司后台（院士工作站、博士后工作站）为项目提供技术支撑，同时由公司总工办协同各职能部门成立公司内部项目对口支持专班。

具体组织结构如图17.2-1所示。

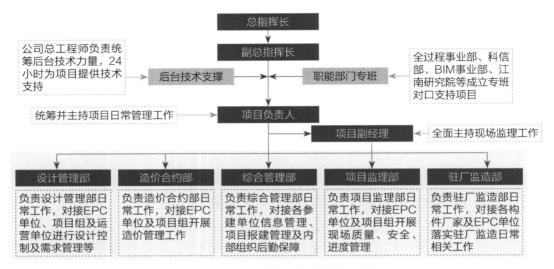

图17.2-1 WPEC全过程监理单位组织结构

基于抢险救灾工程的特点，WPEC全过程监理单位在常规项目内部管理举措的基础上，针对本项目提出"四个强化"管理经验。

（1）强化部门工作协同。建立健全项目内部组织协调体系，优化内部组织方式，促进部门之间的协同配合；完善部门间的工作衔接和文件流转机制，做到责任明确、信息通达、具备可追溯性。

（2）强化服务超前意识。优化工作内容分解，服务去边界化，积极协调处理各项问题，积极为项目排忧解难。

（3）强化后台支持前移。通过整合后台优势资源，将后台优势技术力量前移至项目，扩大项目整体技术力量。

（4）强化内部考核激励。团队内部建立相应的考核激励政策，在保证现有薪酬水平的基础上，设立专门考核基金，促进项目员工，时刻保持高度的紧迫感。

Ⅰ标段项目WPEC全过程监理单位结合项目特点，将本项目全过程工程咨询分解为755项具体工作，分门别类划分到4个职能部门，落实到整个团队86人当中。依据工作标准及职责分工，建立针对本项目的考核机制，严格考核各岗位的工作质量，做到奖优罚劣。

17.3 预控预判及每日信息集成管理

基于本项目将建设成为具有跨时代意义的功能复合型平急两用酒店，WPEC全过程监理单位高度重视，从人力资源建设、技术力量支持、后勤供应保障方面等进行全方位重点管控，确保项目各项工作顺利推进。围绕本工程特点、重点及难点，按照全生命周期的视角，预见性地对项目进行总体策划，根据系统性、整体性、集中性的原则，将为建设单位提供无缝隙且非分离的整体服务作为总体思路。本项目的总体管理思路可概括为：充分了解并掌握项目建设及管理目标，针对性地做好项目前期策划，重点抓好实施阶段各项管理策划方案的落实。

根据项目实际工期节点目标，全过程监理项目部按照工作条线，以施工节点为主线，联动设计节点、报建节点、监造节点，形成工期网络节点图。各条线工作以进度保障为主，本项目的进度管理经验可概括为：以现场施工进度，倒逼设计进度、采购进度和加工进度；过程中做好每日各项工程建设信息的数据化分析与比较，形成集成化、清单化的项目日报，落实工期风险、质量安全风险等预控预判工作。

17.4 学习型组织建设，创新工作

学习型组织一是强调"全员学习"，即组织的决策层、管理层、操作层都要全心投入学习，尤其是经营管理决策层，他们是决定项目发展方向的重要因素，因而更需要学习；二是强调"全过程学习"，即学习必须贯彻于组织系统运行的整个过程中，把学习和工作有机融合，主要强调学习与工作的同步性；三是强调"团队学习"，即不但重视个人学习和个人智力的开发，更强调组织成员的合作学习和组织能力的开发。

培训和学习的内容从项目实战出发，力求项目人员"听了就明白、学了就能用"。例如，项目初期，员工从五湖四海应急集结而来，对当地建筑工程的管理要求及先进理念暂未及时了解，因此全过程监理项目部及时组织具有当地大型项目丰富管理经验的资深工程师，通过对各项管理要求、管理理念进行细致讲解，结合本项目管理工作的应用分析，使项目人员快速进入角色，得以与建设单位更好地"同频共振"，合作沟通。又如，本项目采用了超高装配率的设计，装配式装修、集成卫生间、多层箱式钢结构模块化建筑等体系在常规项目中罕有应用，项目绝大多数人员对该类设计和施工安装的特点、要素及难点比较陌生，项目设计部人员率先研究消化技术要点，然后通过大讲堂活动，向全体人员进行技术宣贯和图纸讲解，通过专业的讲解，达到了项目人员共享共进、共同提高、共同成长的目的，同时也提高了对项目的整体服务质量。

同时，全过程监理项目部各部门积极开展课题研究，结合项目实践情况，对项目全过程咨询管理技术进行总结，形成一批可复制、可借鉴的技术课题。四个月的建设期间，全过程监理项目部利用夜间时间，共组织培训学习16次；项目部人员在紧张的工作间隙见缝插针地进行课题研究，共完成创新课题成果25项。

17.5 面向抢险救灾项目特征的投资动态控制经验

1. 测算和评估总投资，投资科学合理

项目按照抢险救灾工程组织实施，鉴于其紧迫性和特殊性，不能按照常规项目的基本建设程序和投资控制原理确定合理总投资。在这种特殊情况下，围绕方案设计拟定的项目建设规模、建设标准和建造方式，通过调研类似标准的酒店项目，考虑防疫设施和服务要求，综合分析比对基础和结构选型、装修标准和材料、机电系统配置、医疗废弃物处置、科技防疫、智能化运营和人文关怀等因素，初步测算项目投资，根据建设、防疫需求等不断深入完善和优化，施工图设计不断深化，评估总投资合理性和可行性，合理确定估算总投资。

2. 设计可行的EPC发包模式，合理补偿

在疫情防控的严峻形势下，为满足2021年8月18日进场开工的要求，借鉴既有应急项目建设经验做法，采用方案后EPC工程发包模式，按照"按实计量、合理补偿"的原则，考虑项目投资控制要求，适度竞争，策划采用工程量清单计价+下浮率的结算方式，无信息价材料设备采用询价采购为主的定价方式。商务策划既满足快速发包保障开工的建设要求，同时也符合抢险救灾工程管理办法对于计价原则和控制投资风险的要求。

3. 多阶段计价对比，投资受控

本项目进场即开工，设计、施工同步进行，需求和功能不断更新，在施工图连续出图和图纸升版不可避免的情形下，商务工作保障组以投资控制为核心任务，加快摸清项目投资底数，调整和优化预算编制方案，与施工图出图进度开展施工图预算，逐轮对比，及时进行造价测算和动态调整，始终保持不偏离总投资控制目标。经统计，Ⅰ标段和Ⅱ标段从2021年8月22日至12月22日各完成10版次施工图对比，编制施工图预算底稿5稿。通过多轮预算前图纸审核和预算对比，一是做到极早期发现图纸疑问，由设计单位实施修正；二是提取材料设备清单和技术要求，提前做好材料设备定价的准备；三是评估限额设计实施效果，围绕施工图设计提出11条优化建议，有效防止过度设计；四是比对投资数据，动态调整投资目标。

4. 多方式材料设备定价，合理有据

材料设备定价是确定项目投资、编制施工图预算、过程投资控制和工程结算的重要依据，也是本项目的商务工作重点。承包人进场后第一时间组织完成材料设备品类统计，对照建设单位材料设备参考品牌名录确定本项目材料设备品牌范围；建设单位未建立参考品牌名录的，组织各单位进行市场调研。与施工图设计同步组织完成材料设备技术要求、规格和参数确认，同步策划包括信息价、询价采购、预选招标协议价、分部组

价、现场竞价和询价等多种定价方式；与施工进度、施工图预算编制同步开展材料设备询价和定价，材料设备询价品类达248类2935项。

5. 推行过程动态结算，调节投资

在快速建造的基础上推行过程动态结算，以加快结算进度。一是对于具备独立结算条件的基础、主体结构、大型设备等分部分项工程，在验收合格后即组织分部工程结算；二是对于实施中的分部分项工程，组织造价咨询等单位对照施工图预算、现场反馈的数据开展模拟结算，及时对比、分析、调整反馈投资数额，逐步反映真实的项目投资；三是加强计量计价依据的过程收集、复核，及时发现结算资料缺陷并及时处理，如桩基工程，及时提出桩基施工记录数据不完整的问题，及时修正和完善。

6. 两地块商务工作互补，提高工作效能

商务工作保障组统筹两个地块2家全过程监理单位、2家造价咨询单位共4家单位开展商务工作，一是全面复核和梳理项目设计、材料设备选用的同类项，统一材料设备品牌、统一询价、统一工程量清单、统计计量计价依据，信息共享，有效地避免重复造价工作；二是统筹协调推进商务工作进度，避免两个地块商务工作不同步导致的计量计价差异，避免两家承包人互相提出价格差异争议。

7. 建立日报制度，实施重大事项督办

发挥全过程监理、驻场造价咨询前端监督协调作用，第一时间获得商务工作推进动态数据和过程计价资料及凭证，对照图纸出图计划、施工图预算计划、材料设备定价计划等，编制商务工作日报120份，形成影像资料2374张照片，及时反馈至后台处理和决策；围绕施工图预算、材料设备定价、限额设计等涉及商务工作成效、进度的重大问题，采用书面督办的方式，发出事项督办联系单37份，组织造价专题会议14次。

17.6 永远在一线的设计管理经验

项目管理的主要目的是更好地实现设计落地，同时协调各方利益，控制好造价和进度。这需要设计管理者以更高的视角来观察项目全局发展，对设计管理者的综合素质提出了高要求。在前期设计阶段，设计管理者必须和设计院一起，及时讨论，快速决策；在中期施工高峰阶段，设计管理者必须离开办公室，下到工地一线，承担技术引领的职责；在后期阶段，设计管理者必须着眼于关键环节和重要事件，主动担当，开展大量以技术为先导的组织协调工作。

抢险救灾项目必须保障工期，同时质量、安全缺一不可。在这类项目中，对设计管理的切实需求已超越了一般全过程工程咨询中设计管理的工作范畴，从"设计管理+咨

询"转型升级为"设计管理+咨询+专项事件/局部范围的建筑师负责制"。此处的"建筑师"是指一个专业团队，对特定范围或事件提供设计咨询管理，并对过程和结果负责，最终交付符合要求的建筑产品和服务。

在抢险救灾项目这一"高温高压"的特殊环境中，在某些专项事件和全局事件的某一阶段中，全过程监理的设计管理已不自觉地产生了"建筑师负责制"的萌芽和实际应用。

对于如何做好抢险救灾项目的设计管理工作，可归纳为"IPMT技术管理组织一体化、节点性工作过程化、建设性工作去边界化"，即采用集成技术管理小组模式提高沟通效率、采用"设计随行"的方式进行过程技术管控和过程设计审查，同时走出办公室，主动承担更多的职责与使命。

第18章
项目建设启示

18.1 启示一：强化统筹管理，实现快速优质建造

大型投资项目的建设是一个系统工程，建设中必须强化系统性统筹管理，以全局的视角高效推进工程建设，避免在目标控制中以偏概全、重进度轻质量等弊端。既要把面对的问题及其有关情况加以分门别类、确定边界，又必须把握各门类之间和各门类内部诸因素之间的内在联系和完整性、整体性、全局性。将复杂问题的解决方式简单化，从而提升应对问题、解决问题时的工作效率，实现项目的高效运行。

在项目建设过程中，全面贯彻"六个统筹"的管理理念，即强化策划统筹、资源统筹、进度统筹、技术统筹、现场管理统筹及监督检查统筹。在管理过程中，坚持以问题为导向，以结果为导向，推行信息化、清单化、数字化管理，助力实现项目的高效运行。

项目通过"六个统筹"管理，实现了纵向、横向的一体化管理，打通了各个管理模块之间的路径，消除了工作盲点，缩短了信息传递，实现了项目的快速建设，跑出了创纪录速度。

18.2 启示二：创新管理思路，构建一体化组织体系

本项目以资源最优化配置为导向，采用"IPMT（一体化项目管理）+EPC（工程总承包）+WPEC（全过程监理）"建设管理模式。在IPMT的组织管控下，建立起极致扁平化的矩阵式组织架构，开展了有效的层级管理。重大问题递交专班解决，次重大问题由项目指挥部解决，一般问题由项目管理组解决。实行了"三线并行、三级联动、矩阵式推进"的管理模式，采取建设单位管控、EPC实施、WPEC协调监管的三线并行机制，充分发挥"IPMT团队+建设单位项目指挥部+施工现场"三级联动的管理优势，实现了组织架构一体化、设计采购施工一体化、管理流程和管理目标一体化，落实"三个维度管控""六个统筹"和"八个机制"，科学、高质、高效地统筹推进。决策有效，管

控有序，责任明确，流程有效，项目推进迅速，没有发生重大问题决策上的延误和失误。专业工程师开展专业化管理，满足了项目快速建造的迅速决策、科学决策的需求，达到了预期目的。

此外，通过项目的实践证明，采用EPC工程总承包和WPEC全过程监理相结合的建管模式是有效的组织集成方式。两者目标统一、理念统一，各负其责、相互配合。EPC侧重于实施，WPEC侧重于管控，在专业条线上一一对应，高度耦合，实现了对项目的无盲区管理。

18.3 启示三：紧抓项目重点，推动实质性工作落地

大型投资项目通常具有时间急迫、情况复杂、技术难度高以及工作压力大等明显特点，围绕"安全零伤亡、质量零缺陷"这一目标，形成主要参建方高度集成、极致扁平的管理架构，对提高决策效率、形成合力解决项目的主要矛盾至关重要。

在建设质量方面，将质量目标贯彻到设计、采购、施工的各个环节，实现质量的统筹管理，并将项目有限的人力物力资源向重点工序倾斜，确保重点区域、重点工序平稳完工。在建设工期方面，统筹好总工期，抓好关键节点（工厂监造和现场安装），积极推进各项工作任务。在施工安全方面，抓好项目施工现场安全（高处作业和施工机械），各方明确分工、通力合作，努力形成人人有责、人人参与的良好工作局面。在思想建设方面，要求提高政治站位（项目文化、荣誉感、责任感），强化党建引领，以党建引领项目攻坚克难。

18.4 启示四：压实责任担当，强化EPC工程总包核心价值

EPC总承包单位具有打通设计、采购、生产、施工各环节的产业链优势，对项目人、机、物、料等资源配置具有强大的调度和管控能力。本项目的实践证明，EPC总承包模式在应对大型投资项目建设任务重、建造技术新、组织管理难、协调内容繁杂等多方面挑战时，体现出了该模式的核心价值。一是能充分发挥设计引领的原动力，通过DFMA方式在设计阶段即已充分考虑产品的可采购性、可制造性和可装配性，联通设计、制造和施工三个环节，从源头上确保项目实施的高质量、高效率及低排放。二是拥有长期合作伙伴和外部资源，能快速集结分包和劳务，组织充足的材料、设备、人员进场作业；同时在技术方面有外部高水平专家团队作为支撑。三是自有供应链集采平台，

能够做到"下单即供货"。四是头部建筑企业具备建筑业高质量转型升级的内在动力和技术研发能力，新型装配式体系、装配式部品部件、单元式幕墙等技术不断迭代更新，逐步成熟，发挥了工业化制造的优势。五是头部建筑企业随时可调动多个子公司资源，具备采用兵团作业、战区赛马等激励机制的条件，关键时刻能做到集团整体资源向项目集聚。

18.5 启示五：推动科技赋能，探索数字化管理改革

依托我国信息化产业的深厚积淀和人才优势，应大力发展BIM技术和相关产业，抢抓新型建筑工业化发展先机。加强BIM技术在项目管理过程中的应用广度，可带动建筑企业深入研究BIM技术应用，完善BIM技术对项目进度、安全、质量、成本、风险等进行全域视角动态闭环管控的体系，逐步推动建筑企业建立在信息化技术方面的领先优势。

建议积极推动建筑企业探索DFMA、无人机、虚拟建造、激光扫描、信息化可视平台及智慧工地系统等先进技术的应用路径，通过场景驱动、示范引领，将建设工程由传统粗放型管理导向精细化、智能化管理发展，进一步拓展建筑行业信息化应用领域深度，为建筑企业抢抓新型建筑工业化发展先机、勇立行业发展潮头提供助力。

大型投资项目应坚持精细化管理、智慧化建造，通过管理创新及技术创新，结合信息化技术的运用，整合建设各条线的信息流和物质流，打破项目建设各个环节的壁垒，从根本处提质增效，加快项目建设，确保项目品质。应通过创新管理激活工程建设各参建单位潜能，释放有助于推动工程建设的动能；创新技术深化工程，优化建造设计施工工艺机能，提升有助于推动工程建设的效能。

本项目实践的高装配式建筑、学习型组织、一体化组织、联动办公、智慧建造、信息管理、工序矩阵、预判预警、立项销项、党建引领、宣传赋力等，都被证明对项目的高质高效推进提供了强劲的助力。

18.6 启示六：依托政策扶持，助力建筑产业化发展

在抢险救灾工程这一"高温高压"的环境中，建筑业高质量发展的必要性被强烈地彰显、激发。

项目之所以能高品质、高标准地完成，离不开当地紧跟国家政策导向，积极推动建

筑业工业化、智能化、绿色化转型所取得的阶段性成效。尤其是EPC总承包单位在模块化建造体系研究、钢结构装配式建筑产品开发、智能制造及智慧建造等方面先行先试所取得的一些实践成果和产业布局，对本项目快速建造目标的达成形成了强有力支撑。

时代是出卷人，我们是答卷人，人民是阅卷人。本项目以工程实践的方式，将工业化建造、数字化建造、绿色建造等应对建筑业高质量发展的长期举措，在基于时代背景的短期突发需求中进行预演并获得成功，对进一步探索研究绿色建造、智能建造和无人建造意义重大。

然而，要实现建筑装配式部品部件工业化流水线效率的大幅提升，必须有足够的市场规模支撑，以实现标准产品的稳定生产。目前，国内与装配式建筑相配套的科技研发、体系研究、装备制造等投入不足，对应的产业工人和专业厂家较少，未形成规模效应。产业空间布局缺乏统筹协调，尚未形成完善的现代建筑产业体系。

因此，应加快发展以高品质、快速建造为导向的装配式建造技术，建立健全通过场景驱动、示范引领的大型装配式建筑发展保障机制，对适合运用大型装配式建造技术的公共建设项目（如学校、安置房等）予以大力支持。通过不断的项目积累，在完善装配式建筑建设管理的同时，有效摊薄和降低装配式建筑工业化生产成本，将建设工程由传统粗放型管理导向精细化、智能化管理发展。

同时，建筑企业须进一步加大研发力度，可联合国内高校、研究机构及业内头部厂商，共同制定装配式建筑的相关标准，在适用范围、体系设计、验收标准方面给出更加细致可行的指引，为装配式建筑的推广提供重要的规范支持，为更广阔的应用提供技术支撑。

18.7 启示七：提高政治站位，激发使命感凝聚共识

参与抢险救灾项目建设的单位，均应提高政治站位，面对突发事件时，要以国家利益为中心的理念去实践工程建设。参建单位必须坚持党的领导，建立强烈的"使命必达、承诺必践"服务意识，展现企业的实干作风、使命担当和精神风貌，完成对抢险救灾项目服务的庄严承诺。

担任抢险救灾项目团队必备的基本素质在于：各参建单位项目负责人必须有一颗强大的心，员工必须有一股敢拼的劲，团队必须要有一份真挚的情。因此，项目参建单位应共同开展项目文化建设，通过组织各种形式的文化活动，凝心聚力，统一员工思想认识，引导全员增强使命担当；同时，通过文化活动缓解抢险救灾项目高压状态下员工的心理压力和负面情绪，对于维持高昂的斗志、打赢抢险救灾攻坚战具有重要意义。

项目的实践证明，"人是有点精神的"，人们在共同的信仰下容易建立起一套共通的思想体系。人与人之间、单位与单位之间具有共同的理念，则更容易沟通、更加相互信赖、更加服从。这样一个群体的黏合性更强，也意味着更加强大的战斗力。建立信念、因信而义、依信而行、秉持信仰、不懈努力，这些都意味着信仰的力量能让人在艰苦的环境中越战越勇，直至登顶。强烈的使命意识，在战时更是能激发项目员工的昂扬斗志和工作热情，迸发出磅礴力量。

因此，在未来的抢险救灾项目建设或大型投资项目建设中，应当始终把"政治站位"放在第一位，用党的科学理论立根固本、凝心铸魂，教育引导参建单位和人员坚定理想信念、践行初心使命。

Ⅰ标段项目主要工作节点

附表1

序号	时间节点	Ⅰ标段项目主要工作节点
1	2021年8月16日	 确定工程总承包中标单位
2	2021年8月18日	 项目开工并试桩成功
3	2021年8月24日	 办公临建启用

序号	时间节点	I标段项目主要工作节点
4	2021年8月25日	 首栋（B3栋）桩机完成
5	2021年8月29日	 高层桩机全部完成
6	2021年8月31日	 14台塔式起重机全部安装到位
7	2021年9月1日	 项目钢结构首吊（B2栋）

序号	时间节点	Ⅰ标段项目主要工作节点
8	2021年9月5日	 高层酒店底板完工
9	2021年9月10日	 首批多层酒店交通核封顶
10	2021年9月12日	 首个ME箱体顺利试吊
11	2021年9月14日	 多层酒店底板完工

序号	时间节点	Ⅰ标段项目主要工作节点
12	2021年9月23日	 多层酒店交通核全部封顶
13	2021年9月29日	 首批高层酒店主体钢结构封顶
14	2021年10月5日	 全部高层酒店主体钢结构封顶

序号	时间节点	Ⅰ标段项目主要工作节点
15	2021年10月10日	 高层酒店幕墙首吊
16	2021年10月27日	 最后一批箱体出厂
17	2021年10月28日	 B地块3号楼2节钢柱首吊
18	2021年11月6日	 多层酒店家具进场

序号	时间节点	Ⅰ标段项目主要工作节点
19	2021年11月12日	第一棵树完成种植
20	2021年11月23日	运营单位进驻
21	2021年12月3日	多层酒店竣工验收
22	2021年12月4日	高层幕墙安装完毕

序号	时间节点	I 标段项目主要工作节点
23	2021年12月5日	 正式电接入 正式水接入
24	2021年12月6日	 多层酒店消防验收
25	2021年12月7日	 运营管理专班进驻

序号	时间节点	Ⅰ标段项目主要工作节点
26	2021年12月9日	 多层酒店市政园林完成
27	2021年12月9日	 高层酒店消防验收、项目竣工验收

序号	时间节点	Ⅱ标段项目主要工作节点
1	2021年8月17日	 首批50余名管理人员入驻现场，机械材料同步进场
2	2021年8月18日	 项目进场，正式开工
3	2021年8月22日	 3天完成A地块208根预制管桩基础施工
4	2021年8月25日	 A地块第一块筏板基础（5号楼）浇筑完成

序号	时间节点	Ⅱ标段项目主要工作节点
5	2021年9月8日	 B地块1148根PHC管桩全部施工完成
6	2021年9月12日	 A地块5号楼率先封顶
7	2021年9月17日	 B地块首台塔式起重机（2号楼）安装完成
8	2021年9月19日	 A地块4号楼259个箱体吊装完成

序号	时间节点	Ⅱ标段项目主要工作节点
9	2021年9月20日	 B地块基础工程完成
10	2021年9月21日	 A地块2号楼顺利封顶
11	2021年9月25日	 B地块5号楼第一根钢柱完成吊装
12	2021年9月26日	 A地块3号楼封顶

序号	时间节点	Ⅱ标段项目主要工作节点
13	2021年10月4日	 B地块3号楼2节钢柱首吊
14	2021年10月5日	 A地块1号楼封顶
15	2021年10月7日	 B地块首个幕墙单元运输到场，内装式幕墙试装成功
16	2021年10月11日	 指挥部开展应对台风"圆规"应急会议，制定应急预案

序号	时间节点	Ⅱ标段项目主要工作节点
17	2021年10月14日	 B3战区首根3节柱吊装
18	2021年10月18日	 A地块6号楼最后一个箱体完成吊装，标志着62d内A地块6栋多层建筑全部封顶
19	2021年10月20日	 B地块1号楼、4号楼幕墙首次安装成功
20	2021年10月30日	 B2栋主体钢结构封顶

序号	时间节点	Ⅱ标段项目主要工作节点
21	2021年10月30日	 A7栋MiC箱体开始吊装
22	2021年11月5日	 A7栋MiC箱体吊装完成， 标志着项目全部MiC箱体完成吊装
23	2021年11月7日	 B6栋现场2层钢结构封顶
24	2021年11月8日	 A区整体完成消防验收

序号	时间节点	Ⅱ标段项目主要工作节点
25	2021年11月15日	 顺利召开A区整体移交会，标志着A区完成整体交付
26	2021年12月10日	 B区完成竣工验收